大学物理实验教学研究

高路 著

北　京
冶　金　工　业　出　版　社
2023

内 容 提 要

本书分析了现代大学物理实验教学中的重要问题，不仅关注理论研究，还强调实际教学应用，并提出了创新性的教学方法和思路。全书共七章，涵盖了多个方面的重要议题，包括大学物理实验教学研究现状、大学物理实验教学方法的现代化问题、大学物理实验教学内容的拓展与创新、大学物理实验教学考核与评价、大学物理实验教学与学生创新能力培养、教学改革的可持续发展与教师角色转变等。

本书适用于高等教育领域，特别是大学物理实验教学改革和管理方面，可供高校教学管理部门人员、大学物理教师、实验室管理人员、教育研究人员、教育政策制定者参考。

图书在版编目（CIP）数据

大学物理实验教学研究/高路著 . —北京：冶金工业出版社，2023. 12
ISBN 978-7-5024-9658-6

Ⅰ.①大… Ⅱ.①高… Ⅲ.①物理学—实验—教学研究—高等学校
Ⅳ.①O4-33

中国国家版本馆 CIP 数据核字（2023）第 211695 号

大学物理实验教学研究

出版发行	冶金工业出版社	**电　话**	(010)64027926
地　址	北京市东城区嵩祝院北巷 39 号	**邮　编**	100009
网　址	www. mip1953. com	**电子信箱**	service@ mip1953. com

责任编辑　姜恺宁　美术编辑　吕欣童　版式设计　郑小利
责任校对　李欣雨　责任印制　窦　唯
北京印刷集团有限责任公司印刷
2023 年 12 月第 1 版，2023 年 12 月第 1 次印刷
710mm×1000mm　1/16；11.75 印张；227 千字；179 页
定价 87.00 元

投稿电话　(010)64027932　投稿信箱　tougao@cnmip. com. cn
营销中心电话　(010)64044283
冶金工业出版社天猫旗舰店　yjgycbs. tmall. com
（本书如有印装质量问题，本社营销中心负责退换）

前　　言

物理实验是大学物理教育的重要组成部分。通过实践操作，学生可以加深对物理理论和原理的理解，发展实践技能和解决问题的能力。然而，传统的物理实验教学方法面临着各种困难，如教学观念和方法过时、实验内容和设计的局限性以及评估和反馈机制的滞后性。为了提高物理实验教学的质量和效果，有必要探索适合现代教育需求的新思路、新途径和新方法。

本书旨在全面研究我国大学物理实验教学的现状、存在的问题和未来趋势，并提出可以促进物理教育发展的创新解决方案。全书共包括七个章节，研究范围涵盖广泛，包括不同国家的物理实验教学比较分析、学生对实验教学的反馈和认识、教学观念和方法的现代化、实验内容和设计的扩展、实验教学的评估、学生创新能力的培养，以及教学改革的可持续发展和教师角色转变。

本书主要面向四类读者：物理教育工作者、学生、研究人员和政策制定者，旨在提供有关大学物理实验教学的现状和挑战的系统深入分析，并为未来的实践和研究提供支持。通过本书，读者可以深入了解我国物理实验教学的现状、存在的问题和面临的挑战，以及在改进物理实验教学方面所取得的一些成功经验和成果。

在物理教育工作者方面，本书可以帮助他们了解目前物理实验教学的最新发展趋势和重要的教学原则，以及如何设计和实施更有效的实验教学，为改进和提高教学质量提供指导。

对于学生而言，本书可以帮助他们更好地理解物理实验教学的重要性，并了解如何积极参与实验教学，从而更好地掌握物理学的基本概念和技能。同时，本书还可以帮助学生更好地理解实验教学的目的和意义，培养他们的实验思维和创新能力，以及提高他们的实验技能和实验设计能力。

　　对于研究人员而言，本书可以提供我国物理实验教学的研究成果和经验，以及关于物理实验教学的前沿问题和未来发展方向。此外，本书还可以帮助研究人员深入了解物理实验教学的现状和挑战，从而为改进和创新物理实验教学提供新的思路和方法。

　　对于政策制定者而言，本书可以帮助他们更好制定有效的政策和措施来改进物理实验教学。本书为政策制定者提供物理实验教育的最新研究成果和趋势，以及关于如何促进物理实验教育发展的实践经验和建议。

　　在本书的出版过程中，家人、同事、出版社都给予了我很多帮助，在此表示衷心感谢。

　　囿于作者学术水平，难免存在疏漏之处，恳请读者不吝赐教。

2023 年 9 月

目　　录

第一节 大学物理实验教学研究背景与意义

大学物理实验教学是通过实践操作，深化学生对物理学基本理论和实验技能的理解与掌握。这种教育形式不仅将理论转化为实践技能，还培养了科学思维及创新、实验设计、数据处理和社交能力。实验教学帮助学生了解误差、不确定性和实验结果可靠性等实验中的重要概念，为未来学习、科研和职业发展奠定坚实基础。因此，大学物理实验教学在物理学科教育中具有不可替代的地位。

一、大学物理实验教学现状及存在的问题

（一）实验室建设

大学物理实验室建设存在多方面问题。首先，部分实验室设备陈旧，性能差，缺乏更新机制和资金支持，妨碍学生实验教学和科研。其次，实验室规划不合理，导致安全问题和学生实验操作不便；管理不规范，设备维护不到位，可能导致设备损坏和实验失败；安全意识不足，缺乏安全管理制度，可能引发严重安全事故；资源分配不公导致学生实验质量不均匀，影响知识掌握。最后，部分实验室环境不佳，影响学生注意力和健康，降低实验准确性。

改善这些问题需要投资更新设备，合理规划实验室，强化管理和安全意识，公平分配资源，改善环境条件，以提高实验教学和科研水平。

（二）教学内容

实验内容缺乏新颖性和挑战性，常基于传统标准实验，缺乏对科技进展的反映；实验技能培养不足，过于注重理论而忽视实验技能训练；缺乏跨学科实验，未给学生提供机会了解不同领域之间的联系；实验资源和设备不足，导致学生实验机会受限。

解决这些问题需要创新实验内容，注重技能培养，引入跨学科实验，并投资

改善实验资源和设备。这些改进将提高大学物理实验教学的质量和吸引力，全面培养学生科学素养[1]。

（三）实验教材

首先，教材更新滞后，未跟上科技发展步伐，导致实验内容过时，无法满足学生学习和市场需求；其次，教材难度较高，不适合初学者，难以满足不同层次学生的需求；再次，教材缺乏针对性和明确目标，使学生难以理解实验的目的和难点[2]；教材过于理论化，缺乏实际应用案例，导致缺乏实用性；最后，教材缺乏趣味性，难以吸引学生兴趣，限制了他们的投入和探究精神[3]。

这些问题限制了实验教材的灵活性，妨碍了学生的实验技能培养和创新能力发展。解决这些问题需要及时更新教材，提高教材的适用性、针对性和趣味性，以满足不同学生的需求，激发他们的学习兴趣和实验探究精神，也将提高大学物理实验教学的效果和质量。

（四）教学方法

首先，一些实验设计不科学合理，过于简单或复杂，难以激发学生兴趣和真正理解物理原理；其次，实验过程中缺乏充分的监督和指导，导致学生可能出现操作问题而得不到及时帮助；再次，实验教学过于强调结果的正确性，而忽视了数据分析的重要性，影响学生的实验能力和科研素养[4]；最后，一些学校的物理实验课程体系过于传统，缺乏多样性和综合性，无法满足现代物理学教学需求，难以培养学生的创新思维和实践能力。

解决这些问题需要改进实验设计，加强监督和指导，注重数据分析，更新实验课程，以提高大学物理实验教学的质量和效果。

（五）实验教师

大学物理实验教学面临多方面的师资和管理问题。首先，师资力量不足，导致实验教学质量参差不齐，许多教师缺乏专业培训和实验经验；其次，师资结构不合理，存在学历较低、经验充足的教师和学历较高但教学经验不足的教师之间的不平衡；再次，实验室管理混乱，规范性和安全性不足，设备不完善，影响了实验教学；最后，教师培训不足，现有培训渠道有限，内容和方式单一，未能满足教师的实际需求。

解决这些问题需要加强师资队伍建设，提供更多的培训机会和资源，规范实验室管理，以提高大学物理实验教学的质量和效果。

（六）实验评价

大学物理实验教学存在以下评价问题：实验目标不明确或过于简单，难以准确评估学生的实验水平；评价方式主要以实验报告为主，缺乏多样性，容易出现模式化和抄袭问题；评价标准不统一，导致成绩不稳定，不能反映学生实验水平；此外，缺少对实验环节的评价，可能导致学生通过不正当手段获取高分而未真正提高实验能力。

解决这些问题需要明确实验目标，多样化评价方式，统一评价标准，以全面反映学生的实验能力和思维。

二、研究的理论和实践意义

（一）有利于提高学生的实验能力和实践能力

大学物理实验教学是培养学生实验能力和实践能力的关键环节。学生通过实验深入理解物理原理，培养操作技能和数据分析能力。这有助于提高学生实验能力和实践能力，为将来的科研和职业发展奠定基础[5]。

（二）有利于推动物理学教育的发展

改进大学物理实验教学有助于提高教学质量，促进物理学教育的发展。通过不断更新实验内容和设备，探索新的实验方法，推动物理学领域的前沿研究和应用，培养学生实践能力和创新能力[6]。

（三）有利于推进高等教育的改革

大学物理实验教学经验可以借鉴到其他学科领域，培养学生实践能力、创新思维和团队合作精神，有助于高等教育的改革。实验教学方法可以在多个学科中应用，培养学生解决问题的能力和团队协作能力，对社会实践和职业发展有重要影响。

针对当前大学物理实验教学中，存在着教学内容不够丰富、教学手段单一、教学方法落后、评价体系不完善、相对于科技快速发展实验教学具有滞后性等问题，对大学物理实验教学的研究具有重要的理论和实践意义。

第二节　大学物理实验教学国内外研究现状

一、国内研究现状

（一）教学内容与教学方法研究

国内大学物理实验教学研究主要集中在教学内容与教学方法方面。教学内容的研究主要包括实验项目的选择、实验的难度、实验装置的改进等。例如，李志伟等人研究了实验内容与实验目的的关系，认为教学应根据学生的知识水平和兴趣特点来选择实验内容。教学方法的研究则主要包括教学设计、教学手段、教学评价等方面。例如，刘雪荣等人研究了"探究式学习"在大学物理实验教学中的应用，认为探究式学习可以提高学生的自主学习能力。

（二）教学评价研究

教学评价是大学物理实验教学研究中的一个重要方面。目前，国内的教学评价主要采用考试成绩和问卷调查的方式。但是，这种评价方式容易出现误差，不能全面反映学生的学习效果。因此，国内研究者开始尝试采用多种教学评价方式，例如实验报告、实验演示等，以更全面地评价学生的学习效果。

（三）实验室管理研究

实验室管理也是大学物理实验教学研究中的重要方面。目前，国内研究者主要关注实验室管理的标准化、安全管理、设备维护等方面。例如，张晓宁等人研究了实验室安全管理的现状及问题，并提出了相应的解决方案。

二、国外研究现状

（一）实验教学设计研究

国外大学物理实验教学研究主要关注实验教学设计。研究者主要关注如何设计出能够激发学生兴趣、提高学生学习效果的实验项目和实验课程。例如，美国的教育研究者对实验教学设计进行了深入研究，并提出了一些创新的实验项目和实验课程设计，如基于探究式学习和跨学科教学的实验教学[10]。

（二）实验教学评价研究

国外大学物理实验教学研究还关注实验教学评价。与国内类似，国外研究者也认为考试成绩和问卷调查不能全面反映学生的学习效果。因此，研究者开始探索一些新的实验教学评价方式，如实验报告、实验演示和反思等。

（三）技术支持与实验室管理研究

此外，国外大学物理实验教学研究还关注技术支持和实验室管理。技术支持主要包括实验设备的维护和更新，以及实验室技术人员的培训；实验室管理则主要关注实验室的规范化管理、安全管理和设备使用等方面。

三、研究的局限性或不足之处

在大学物理实验教学研究领域，国内外专家学者已经做了很多研究，但是这些研究也存在一些局限性或不足之处，具体包括以下几个方面。

（一）实验教学方法研究不足

随着教育技术的不断发展，虚拟实验、远程实验、智能实验等新型实验教学方法不断涌现，但是相关的研究和创新相对较少。传统的实验教学方法依然占据主导地位，因此需要更多专家学者的关注和探索。

（二）教学内容研究单一

在教学内容研究方面较为单一，主要集中在基础物理实验和电子技术实验等方面，而在实验内容的创新性、高级物理实验、前沿科技实验等方面的研究相对较少。大学物理实验教学内容研究需要关注与现实生活相关的实际问题，如环境保护、能源开发等，以及与其他学科的交叉融合，如物理与材料学、化学、生物学等。

（三）评价与考核体系不完善

目前的评价标准主要以实验报告为主，忽略了实验数据的分析和解释、实验设计的创新性以及实验操作的能力等方面的评价。这导致了评价体系存在单一性和不全面性的问题。

（四）缺乏对学生创新能力培养的研究

现有的研究主要关注于教学方法的改进和实验课程的设计，缺乏对学生创新思维和创新能力的针对性培养。

（五）教学改革的可持续性研究不足

在教学改革的可持续性方面的研究相对较少。可持续性教学改革需要考虑多个因素，包括技术、资源、经济和社会文化等方面，因此需要跨学科的研究方法和团队合作。近年来，一些学者已经开始探讨大学物理实验教学改革的可持续性问题，提出了一些改革方案，如利用虚拟实验平台、建立教学实验室共享机制等，以提高实验教学的效率和质量。

第三节　大学物理实验教学研究方法与思路

本书综合运用多种研究方法，借鉴当前国际、国内对大学物理实验教学研究的成果，以全面、客观地评估大学物理实验教学的现状和问题，并提出针对性的改进建议和教学创新思路。

一、文献综述法

（一）收集文献资料

收集大量相关文献资料是进行学术研究和教学的重要步骤之一。这些资料可以来自各种学术数据库、图书馆、在线文献库等，包括已发表的学术论文、研究报告、教材、教学方案等。通过收集这些资料，可以扩大研究和教学的知识面，获取前沿的研究进展和教学方法，提高研究和教学的质量和效果。同时，还可以通过文献综述等方法，对现有的研究成果进行评估和总结，为研究和教学提供指导和借鉴。

（二）筛选文献资料

在收集到大量文献资料后，进行筛选和整理是必要的步骤。选择与研究问题和目的相关的文献，同时注意文献的来源、质量和时效性，选择可信度高和权威性强的文献资料进行深入阅读和分析，排除与研究问题无关或不符合研究要求的文献。根据研究问题和目的进行分类、编目和标注，以便于后续的阅读和使用。

（三）分析文献资料

对所选文献进行深入的阅读和分析，可以从研究对象、研究方法、研究结论等方面进行归纳总结。了解研究领域的现状、发展趋势和存在的问题，同时可以借鉴和吸收前人的研究成果，提高自己的研究水平和创新能力。同时还要注重归纳总结和思考，形成自己的研究思路和方法。

（四）撰写综述文章

通过对大量相关文献资料的收集、筛选、阅读和分析，可以形成一篇系统性的综述文章，全面总结研究领域的现状、存在的问题、前沿的研究进展、未来的发展趋势等方面。在大学物理实验教学领域，文献综述法可以帮助教师和研究人员了解实验教学的发展现状和存在的问题，探究前沿的研究进展和未来的发展趋势，为制定相应的教学改革方案提供参考。

二、实地调研法

通过亲身走进大学物理实验室，观察和体验现有的物理实验教学模式，深入了解物理实验教学的具体情况和存在的问题。在调研中，通过观察和交流，收集到大量的第一手资料和数据，包括教师和学生对物理实验教学的评价、存在的问题以及期望的改进方向等。

在实地调研过程中，直接观察物理实验教学的现场情况，包括教师的教学方式、学生的学习状态、实验设备的运行情况等。同时，还通过与教师和学生的交流，了解他们对教学的看法和意见，探究存在的问题及其原因。此外，还对学生的实验报告、作业和考试成绩等进行分析，了解教学的质量和效果，为进一步教学研究和改进提供依据。

三、实验教学案例分析法

（一）收集案例资料

收集案例资料是进行教学研究和课程设计的关键步骤之一。为了获取可靠、权威的案例资料，可以通过多种渠道进行搜集，包括学术期刊、教学论文、教材、课程设计案例、教学网站等。在实地调研时，也可以获取第一手资料和数据，以进一步支撑教学研究的实践性和可操作性。在进行资料收集时，需要注意确保资料来源的可靠性和权威性，尤其是在收集互联网上的信息时要谨慎，避免收集到错误或有误导性的信息。

（二）筛选案例

选择具有代表性和实用性的案例，并结合本研究的目的和问题进行筛选和评估，有助于深入理解物理实验教学的各个方面，包括教学方法、实验设计、实验操作等。初步阅读和了解所选案例，可以帮助我们确定哪些案例对于本研究具有参考价值。这些案例可以为我们提供经验和见解，帮助我们更好地理解物理实验教学的复杂性，从而提高教学质量和效果。在选择物理实验教学案例时，应注意确保选出的案例能够为我们的研究提供有价值的参考。

（三）分析案例

在进行案例分析时，需要深入探究教学目标、教学内容、教学方法、教学评价等方面的内容，以全面了解教学模式的实施效果。在分析中，需要对每个案例的优点和不足之处进行总结，同时进行比较和归纳，为新的实验教学模式的设计提供借鉴和启示。从而更好地评估教学模式的有效性，为优化实验教学提供科学依据，进一步提升教育教学质量。

（四）选择典型案例

典型案例可以涵盖不同类型、不同水平和不同背景的物理实验教学案例，反映出它们的特点和经验，为设计新的实验教学模式提供有益的借鉴。通过对典型案例的深入剖析和研究，可以识别出教学过程中的问题，并找到解决问题的方法，帮助教师更好地了解学生的学习需求和实际情况，从而调整教学策略和方法，提高教学效果。

（五）形成结论

通过对多个物理实验教学案例的分析和比较，得出一些结论和启示，例如哪些教学方法和教学评价方式更加适合大学物理实验教学，哪些教学内容和实验设计可以更好地激发学生的兴趣和创新能力等。这些结论和启示可以为设计新的实验教学模式提供理论和实践的支持。

四、统计分析法

通过统计分析法，对大量的实验教学数据进行分析、整理和归纳，从而得出结论和建议。在大学物理实验教学研究中，笔者运用统计分析法来评估实验教学效果，了解学生的学习成绩和反馈，以及探究实验教学中的潜在问题和解决方法。如计算学生的平均成绩、标准差、频率分布等，对教学效果进行客观的评估和比较。同时对学生的学习态度、实验操作技能、实验报告质量等方面进行了统计分析，了解学生在实验教学中的表现和需求。通过对不同教学模式、实验课程设置等因素进行统计分析，探究实验教学中存在的问题和改进方法。

第二章
大学物理实验教学方法的现代化问题

第一节   传统教学方法和新型教学方法的对比

一、传统教学方法介绍

（一）实验预习

大学物理实验教学中，实验预习是一项非常重要的环节，它可以帮助学生在实验前更好地理解实验原理、操作步骤和数据处理方法，提高实验的效果和质量。一般来说，实验预习包括确定实验目的和要求、阅读实验指导书、查阅相关资料、进行实验前练习及总结和复习几个步骤。

（二）实验操作

（1）实验步骤指导。教师提供详细的实验指导书，包括步骤和操作流程，确保学生按照正确的顺序操作。

（2）实验数据记录。学生需要准确记录实验数据，以进行后续数据分析和报告写作。教师通常要求使用表格和图表记录数据。

（3）实验观察结果记录。学生不仅记录数据，还要观察实验现象和结果，这有助于理解物理规律。

（4）实验安全和正确性。教师提供安全指导，确保学生的实验操作安全，同时监督和指导学生的操作以确保正确性。

（三）数据处理和分析

（1）收集实验数据。学生需要按照实验设计方案，使用实验仪器对物理实验进行测量，并将实验数据记录下来。这些数据通常以表格、图表等形式呈现。

（2）数据预处理。在进行数据分析前，通常需要对数据进行一些预处理，如去除异常值、进行数据平滑等，以便更好地反映实验结果。

（3）统计分析。学生需要根据实验数据使用统计学方法进行分析，如计算均值、标准差、方差等，以了解数据的分布情况和误差范围。

（4）结果呈现。学生需要根据实验数据和分析结果，使用表格、图表等形式呈现实验结果。这些结果应该清晰、准确地反映实验过程和结果。

（5）结论和讨论。学生需要根据实验结果，结合理论知识进行分析，得出结论和讨论。这些结论和讨论应该能够回答实验问题，并提出相关的物理原理解释。

（6）实验报告撰写。学生需要将以上步骤的结果整理成实验报告，报告内容应该包括实验目的、原理、实验过程、结果分析、结论和讨论等部分。在撰写实验报告时，学生需要注意实验数据的准确性和可靠性，以及实验过程的规范性和安全性。

（四）实验讲解

（1）物理概念和原理的介绍。教师会详细介绍实验涉及的物理概念和原理，如力学、热学、电磁学等基础知识，以帮助学生理解实验的背景和物理基础。

（2）实验的目的和意义的阐述。教师会解释实验的目的和意义，帮助学生明白为何要进行此实验以及其在物理研究中的重要性。

（3）实验操作过程的解释。教师会详细解释实验的操作步骤，让学生了解每个步骤的目的，以帮助他们掌握实验的操作技能。

（4）实验结果的分析和讨论。教师将对实验结果进行分析和讨论，帮助学生理解实验结果的含义和背后的物理原理，并与学生一起探讨结果与理论预测的一致性或差异。

（五）实验复习

（1）实验过程复习。学生回顾实验的目的、原理、步骤、仪器设备以及数据记录和处理方法，同时分析解决实验中出现的问题，以深化对物理现象和原理的理解。

（2）实验报告复习。学生仔细阅读和分析实验报告，包括目的、原理、方法、数据处理和结果等，解释和分析数据、图表和公式，有助于更好地理解物理现象和原理。

（3）实验总结。通过总结实验的目的、原理、方法、数据处理和结果等，学生可以进一步提高实验设计和数据处理的能力，深化对物理现象和原理的理解。

在传统的物理实验教学中，实验通常是固定的，学生只需按照指导书上的步骤进行操作，缺少创新和思考。同时，实验设备和实验器材较为简单，无法满足学生深入探究物理问题的需求。因此，在现代物理实验教学中，越来越多的教师开始采用新型教学方法，从而激发学生的兴趣和积极性，提高教学效果。

二、新型教学方法介绍

（一）探究式学习

探究式学习是大学物理实验教学中的一种新型教学方法。它强调学生的主动性和参与性，让学生通过自己进行实验探究和问题解决，来提高实验设计和问题解决能力[11]。

在探究式学习中，教师通常会提供一个问题或者现象，让学生自行设计实验方案和操作流程。这种方式可以让学生更加深入地理解物理现象，同时也可以激发学生的学习兴趣和积极性。相比传统的教学方式，探究式学习更加贴近实际，更能够激发学生的创新精神和实践能力。

在探究式学习中，学生需要自己设计实验方案，从而学会如何进行实验。这种方式可以帮助学生理解科学方法，掌握科学研究的基本流程和方法。同时，学生还需要自行分析实验结果，从而发现问题和解决问题。这种方式可以帮助学生培养问题意识和解决问题的能力，同时也可以锻炼学生的创新思维和分析能力。

（二）合作学习

在大学物理实验教学中，新型教学方法更加注重学生之间的合作学习。这种教学方法的核心是通过小组合作实验，让学生在协作和交流的过程中共同完成实验任务。这种教学方法能够带来以下几方面的好处。

首先，这种教学方法能够培养学生的团队合作能力。在实验中，学生需要相互配合，共同完成实验任务。这就需要他们学会团队协作，分工合作，互相帮助和支持。通过这样的实践，学生能够逐渐培养出团队合作的意识和能力，从而在以后的学习和工作中能够更好地与他人合作。

其次，这种教学方法能够促进学生之间的交流与沟通。在实验中，学生需要互相交流实验的过程和结果，协商解决问题。通过这样的交流和沟通，学生能够了解不同人的思维方式和习惯，学会倾听他人的观点和建议，增强自己的沟通能力和人际交往能力。

最后，这种教学方法能够提高学生的实验技能。在小组合作实验中，学生需要分工合作，学会运用仪器和设备进行实验操作，从而提高自己的实验技能和操作能力。同时，学生也能够了解到实验的具体过程和步骤，从而更好地理解和掌握实验原理和知识点。

（三）创新性实验

在大学物理实验教学中，新型教学方法鼓励学生在实验过程中发挥创新精神，提出新颖的实验方案，尝试新的实验方法和技术，从而培养学生的创新思维和实验设计能力[12]。这种教学方法的核心是让学生在实验中不仅仅是学习理论知识，而且通过实验设计和改进，探索物理世界，发现物理规律，并且学会运用理论知识解决实际问题。

实现创新性实验的核心在于提供学生发挥创新精神和实验设计能力的机会。这需要教师在教学过程中进行有针对性的引导和指导，同时提供必要的资源和支持。以下是实现创新性实验时用到的一些方法。

（1）引导学生了解物理现象。在课堂上，教师可以通过案例、实例和故事等方式，引导学生了解物理现象的本质、背景和应用，鼓励学生发现物理学中的问题。

（2）培养学生的实验技能。在实验教学中，教师可以提供多种实验方法和技术，帮助学生熟悉实验仪器的操作和实验过程。同时，教师还应该注重学生的实验设计和改进能力，鼓励学生提出新的实验方案，发挥创新精神。

（3）提供资源和支持。在实验设计过程中，学生需要获取相关的资料和信息，同时还需要得到教师和同学的支持和帮助。教师可以提供必要的实验设备、文献资料和参考案例等资源，同时还可以鼓励学生在小组中进行合作和交流。

（4）鼓励学生实践和探索。实验教学应该注重学生的实践和探索能力，鼓励学生在实验过程中发现问题、解决问题，并且从中总结经验和启示。

（四）虚拟实验技术

随着科技的发展和教育教学的变革，虚拟实验技术在大学物理实验教学中得到了广泛的应用。虚拟实验技术可以通过计算机软件模拟真实的实验环境和物理现象，让学生在虚拟实验室中进行实验操作，从而实现实验教学的目的[13]。

虚拟实验技术的应用可以为大学物理实验教学带来多方面的好处。首先，虚拟实验技术可以帮助学生更加直观地了解物理现象和实验过程。在虚拟实验室中，学生可以通过模拟实验环境和物理现象，直观地观察实验过程，探究物理规律，从而深入理解物理原理和实验技术。

其次，虚拟实验技术可以提高学生的实验操作技能和实验数据处理能力。在虚拟实验室中，学生可以进行多次实验操作，模拟不同的实验条件和数据处理方法，从而积累实验经验，提高实验操作技能和实验数据处理能力。

最后，虚拟实验技术还可以提高实验教学的效率和安全性。在传统的实验教学中，学生需要排队等待实验设备，进行复杂的实验操作，容易出现安全事故和实验失败的情况。而在虚拟实验室中，学生可以随时进行实验操作，无需等待实验设备，同时也不会出现安全事故和实验失败的情况。

（五）自主学习

新型教学方法注重学生的自主学习，是在传统教学方法基础上的一种创新，强调学生在学习过程中的自主性和主动性，鼓励学生通过自己的思考和探究来深入理解知识和技能。

在大学物理实验教学中，自主学习是一个重要的教学目标和教学方法。通过让学生在实验前预习相关知识和实验内容，自己探究实验过程并进行数据分析和结果讨论，提高学生的自主学习和独立思考能力。

具体来说，在新型教学方法下，学生需要在实验前自主进行预习，通过课本、PPT 等学习材料了解实验的相关知识和实验过程，掌握实验的基本原理和操作技能。在实验中，学生需要自主进行实验操作，独立进行数据采集、处理和分析，探究物理规律和实验结果，从而深入理解物理原理和实验技术。

在实验后，教师会进行总结和讲解，指导学生进行深层次的思考和学习。教师可以通过讨论实验过程和结果，引导学生思考实验原理和方法，激发学生的思考和创新能力。同时，教师也可以通过提供额外的学习资源和引导学生进行科学研究等方式，鼓励学生进一步深入学习和探究。

自主学习的教学方法可以促进学生的学习兴趣和主动性，提高学生的学习效果和学习质量。自主学习可以让学生在学习过程中更加主动地探索和发现知识，从而培养学生的创新能力和思维能力。此外，自主学习也可以帮助学生更好地适应未来的学习和工作环境，提高学生的终身学习能力和自我发展能力。

（六）多媒体教学

随着多媒体技术的不断发展，新型教学方法在大学物理实验教学中也开始逐渐普及。利用多媒体技术进行教学，可以通过图像、视频、动画等形式展示物理现象和实验过程，使学生更加深入地理解和掌握实验知识。

在大学物理实验教学中，多媒体教学可以帮助学生更加清晰地了解实验过程和物理现象，从而提高学生的学习效果和学习质量。具体来说，多媒体教学主要体现在以下几个方面。

（1）图像展示。通过图像展示，可以直观地呈现物理现象和实验过程。例如，在讲解光学实验时，可以通过图像展示光路图，使学生更加清晰地了解光路的构成和特点。

（2）视频演示。通过视频演示，可以展示实验过程和实验结果，使学生更加直观地了解实验内容和实验操作过程。例如，在讲解力学实验时，可以通过视频演示实验过程和实验结果，让学生更加清晰地了解实验中各个环节的操作和实验数据的采集过程。

（3）动画演示。通过动画演示，可以更加形象地展示物理原理和实验过程。例如，在讲解电磁学实验时，可以通过动画演示电磁场的形成和作用过程，让学生更加深入地理解电磁学的基本原理。

（4）交互式教学。通过交互式教学，可以让学生更加主动地参与实验教学过程，提高学生的学习兴趣和学习效果。例如，在进行电路实验时，可以通过虚拟电路图的展示和操作，让学生自主设计和搭建电路，从而提高学生的实验操作能力和实验数据处理能力。

（七）实验与理论的结合

在大学物理实验教学中，新型教学方法更加注重实验与理论的结合。这种教学方法不再是简单地让学生进行实验操作，而是更加强调实验与理论之间的联系与互动[14]。下面是关于实验与理论结合的详细论述。

（1）理论知识与实验操作相结合。在新型教学方法下，教师会在讲授物理理论知识的同时，引导学生进行实验操作。例如，在讲解牛顿运动定律时，教师会引导学生进行相应的实验操作，让学生在实验中发现牛顿运动定律的实际表现。

（2）实验验证理论。在新型教学方法下，实验的目的不再是简单地演示某个现象，而是通过实验验证理论的正确性。通过实验验证，学生能够更加深刻地理解和记忆物理知识。例如，在学习杨氏双缝干涉实验时，教师会引导学生进行实验操作，通过实验验证干涉现象的产生机制。

（3）探究未知领域。新型教学方法下，教师会引导学生探究未知领域，通过实验和理论结合的方式进行研究。例如，在学习光学中，教师会引导学生进行激光的实验操作，并通过实验和理论的结合探究激光的工作原理。

（4）实验结果的分析和总结。在新型教学方法下，学生不仅需要进行实验操作，还需要对实验结果进行分析和总结。通过分析实验结果，学生可以更加深入地理解物理知识。例如，在学习热力学中，教师会引导学生进行热传导的实验操作，并让学生对实验结果进行分析和总结，从而加深学生对热传导的理解。

（八）个性化教学

在大学物理实验教学中，新型教学方法也更加注重个性化教学。这种教学方法根据学生的不同需求和特点，采用不同的教学方法和手段，从而最大限度地发挥每个学生的潜力[15]。

（1）考虑学生的学习风格。学生的学习风格因人而异，有的学生更适合听讲，有的学生更适合自主学习，有的学生则更加适合小组合作学习。在新型教学方法下，教师会考虑学生的学习风格，采用相应的教学方法和手段。例如，在学习电磁学中，教师可以根据学生的学习风格，采用讲解、讨论、实验等不同的教学方式。

（2）针对学生的学习兴趣和需求。学生的学习兴趣和需求也因人而异，有的学生对某个领域的物理知识特别感兴趣，有的学生则对另一个领域的物理知识更感兴趣。在新型教育模式下，教师会针对学生的学习兴趣和需求，设置相应的实验内容和实验项目。例如，在学习光学中，教师可以针对某个学生特别感兴趣的话题，设计相应的实验内容，从而让学生更加投入学习。

（3）激发学生的学习动力。在新型教学方法下，教师会通过激发学生的学习动力，帮助学生更好地学习物理知识。例如，在学习力学中，教师可以根据学生的学习情况，设计相应的实验项目，让学生在实验中感受到物理知识的实际应用，从而激发学生的学习动力。

（4）引导学生进行自主学习。在新型教学方法下，教师会引导学生进行自主学习。例如，在学习电学中，教师可以提供相关的教材和视频资料，让学生自主学习电学知识，从而提高学生的学习主动性和自主学习能力。

三、传统教学方法与新型教学方法的比较分析

大学物理实验教学的传统教学方法和新型教学方法分别有不同的教学内容和方法，下面对它们进行详细的比较分析。

（一）实验预习 vs 探究式学习

在传统教学方法中，实验预习通常是教师布置给学生的任务。学生需要在课前阅读相关的实验原理和操作步骤，并熟悉实验器材的使用方法。这种方式可以帮助学生在实验操作时更加熟练和自信，避免浪费时间和实验器材。然而，这种方法往往存在着学生对实验原理和操作步骤理解不深入的问题，学生很难真正掌握实验的本质，缺乏对实验设计和结果分析的深入思考。

相比之下，新型教学方法中采用的探究式学习方式更加注重学生的主动性和创造性。在实验前，教师会提出一个问题或者挑战，引导学生自主探究和思考实验的原理和操作步骤。学生可以在小组内自由讨论，收集资料并进行实验设计。这种方法可以激发学生的学习兴趣和独立思考能力，促进他们对实验的深度理解和掌握。同时，学生也可以在探究实验的过程中，发现实验中存在的问题，进一步提高实验设计和结果分析的能力。

然而，需要注意的是，新型教学方法中的探究式学习并不意味着完全放弃传统的实验预习方法。在实验预习阶段，学生可以先了解一些基本的实验知识和技

巧，为后续的探究式学习打下基础；而在探究式学习过程中，学生也需要对实验的基本原理和操作步骤进行一定程度的掌握，以便更好地完成实验设计和数据分析。

综上所述，传统教学方法中的实验预习和新型教学方法中的探究式学习都有其优势和不足，教学者应根据教学目标和实际情况，选择合适的教学方法和策略，为学生提供更加丰富、深入的学习体验。

（二）实验操作 vs 合作学习

在传统教学方法中，实验操作通常是由单个学生完成的，需要按照预定的实验步骤进行操作，并遵守实验室的安全规定。这种教学方法强调个人能力的培养和实验技能的训练，但往往忽略了学生之间的互动和协作。

相比之下，新型教学方法中的合作学习则强调学生之间的合作和互助，通过小组合作完成实验任务，鼓励学生共同探究、发现和解决问题。这种教学方法强调学生之间的互动和交流，有利于提高学生的团队协作和沟通能力，培养学生的合作意识和责任感。

除此之外，新型教学方法也更加注重学生的自主学习和探究精神，让学生在实验中自由探究和发现，激发学生的创造力和创新思维。

然而，在实际应用中，传统教学方法和新型教学方法都有其优势和不足之处，需要根据具体情况进行选择和组合。在某些实验中，需要遵循严格的实验步骤和安全规定，这时候传统教学方法可能更为合适；而在某些实验中，可以通过小组合作完成实验任务，这时候新型教学方法则更为适用。因此，教师应该灵活运用不同的教学方法，为学生提供多样化的学习体验，帮助学生全面提升实验技能和学习能力。

（三）数据处理和分析 vs 创新性实验

传统教学方法通常强调通过理论知识和实验数据的积累来促进学生的学习。在实验中，学生需要仔细观察和记录实验结果，并使用统计学方法对数据进行分析和处理，以得出结论。这种方法有助于学生提高数据处理和分析的能力，并且可以帮助学生加深对理论知识的理解和应用。

然而，这种方法也存在一些限制。由于实验通常都是教师指定的，因此学生的实验经验获取可能受到限制，并且可能缺乏对实验设计和控制的理解。此外，由于实验的结果通常已经在先前的研究中得出结论，因此学生可能会缺乏对实验设计和实验结果的创新性思考。

相比之下，新型教学方法更加注重学生的主动性和创新性。这种方法鼓励学生自主探究和设计新颖的实验，并且允许学生在实验设计和实验结果分析中发挥更多的创造性。通过这种方法，学生可以更好地理解实验设计和控制的原则，并且可以更好地了解实验结果的本质。这种方法还可以帮助学生更好地理解和应用理论知识，并提高他们的创新能力和问题解决能力。

（四）实验讲解 vs 虚拟实验技术

在传统教学方法中，实验讲解通常是在教室或实验室中进行的，学生们聆听教师的解说，同时观察实验现象和仪器操作过程。教师通过实验讲解向学生传授实验原理和知识，使他们能够理解实验过程和结果，进而掌握实验技能和科学思维方法。

然而，传统的实验讲解存在一些不足之处。首先，由于实验室场地、设备和人员的限制，学生们往往无法亲自操作实验；其次，一些实验现象和过程难以直观呈现，学生们难以理解和记忆；此外，实验室实验需要花费大量的时间和资源，不便于大规模的教学应用。

与传统教学方法相比，新型教学方法采用虚拟实验技术，可以有效地解决这些问题。虚拟实验技术通过计算机模拟实验场景和操作步骤，使学生在虚拟环境中完成实验，提高学生的实验技能和操作经验。虚拟实验技术可以在任何地方和时间进行，不受实验室设备和人员的限制，便于教学资源共享和大规模应用。此外，虚拟实验技术可以呈现更加直观的实验现象和过程，使学生们更容易理解和记忆实验知识。

（五）实验复习 vs 自主学习

传统教学方法中，实验复习通常是在课堂上由教师进行指导和评估，学生只需要按照指导完成实验操作并记录结果。在实验复习过程中，学生主要的任务是回顾和巩固实验知识，以达到掌握实验原理和操作技能的目的。然而，这种方法容易导致学生的被动学习，缺乏主动性和深入理解。

相反，新型教学方法更注重自主学习和探究，引导学生通过网络资源和自主研究，深入了解实验原理和相关知识。这种方法注重学生的主动性和创造性，可以更好地激发学生的兴趣和探究欲望，培养学生的独立思考和解决问题的能力。

自主学习的过程中，学生可以根据自己的兴趣和需求选择相关的资源和工具，如在线实验平台、科学论文、研究报告等，进行深入学习和探究。同时，学生也可以通过在线社区和讨论板块与其他学生和教师进行交流和讨论，促进知识共享和协作学习。

（六）实验与理论的结合 vs 多媒体教学

传统教学方法中实验和理论通常是分离的，学生需要在实验后才能将实验与理论联系起来。这种教学方法可能会导致学生对实验原理和理论知识之间的联系感到困惑。因此，传统教学方法在实验教学中存在一定的缺陷。

相比之下，新型教学方法则更加注重实验和理论的结合。通过多媒体教学的方式，实验和理论知识可以在同一时间展示给学生，使学生更好地理解实验原理和相关知识之间的联系。这种教学方法能够激发学生的学习热情和兴趣，促进学生的主动学习和思考。

在新型教学方法中，多媒体教学可以为学生提供更加直观、生动的学习体验。学生可以通过多媒体教学的方式观看实验过程和结果展示，同时了解实验原理和相关知识。通过多媒体教学，学生可以更加深入地理解实验原理，进而将理论知识与实验联系起来，提高学习效果。

此外，新型教学方法中还采用了其他的教学手段，如互动教学、项目式教学等。这些教学方法可以帮助学生在实践中学习知识，更好地掌握和应用所学知识。这些教学手段能够提高学生的学习主动性和创造力，帮助学生在学习中更加积极、主动地思考和探索。

综上所述，虽然传统教学方法和新型教学方法各有优缺点，但从整体上看，新型教学方法更符合时代的发展趋势和学生的学习需求，应该逐步取代传统教学方法，成为大学物理实验教学的主流。

第二节　新型教学方法在大学物理实验教学中的应用

一、虚拟实验教学

虚拟实验教学是指利用计算机技术和虚拟现实技术，通过模拟真实的实验环境和实验过程，实现对实验教学的虚拟化和数字化。相比传统的实验教学方式，虚拟实验教学具有灵活性高、成本低、易于操作、时间可控等优点。在大学物理实验教学中，虚拟实验教学已经得到广泛的应用。

（一）实验前预习和实验设计

虚拟实验平台是一种可以为学生提供实验视频、实验流程、实验数据等多种资料的教学工具。通过使用虚拟实验平台，学生可以在实验前进行预习和实验设计，从而更好地了解实验目的、实验方法和实验步骤。这种教学方法可以帮助学生在进行实验前对实验有一个全面的了解，提高实验的效率和成功率。

首先，虚拟实验平台提供了实验视频，学生可以通过观看视频了解实验的操作流程和步骤。这种视频通常是由专业的教师或实验室技术人员录制制作的，因此可以确保视频的质量和准确性。通过观看视频，学生可以更好地理解实验操作的细节，从而在实验中能够更加熟练地进行操作。

其次，虚拟实验平台还提供了实验流程和实验数据等资料。学生可以通过阅读实验流程了解实验的整个过程，包括实验的目的、所需的器材和试剂、实验步骤等。通过了解实验流程，学生可以更好地安排自己的时间和精力，并在实验中更加高效地工作。此外，虚拟实验平台还提供实验数据，包括实验结果和数据分析等。学生可以通过阅读实验数据更好地理解实验的结果和结论，从而更好地掌握实验的知识和技能。

（二）实验操作和实验数据处理

通过虚拟实验平台提供的数据处理工具，学生可以对实验数据进行分析和处理，从而更好地理解实验原理和实验数据的含义，并提高实验数据处理的能力。

首先，虚拟实验平台提供了实时的实验数据和结果。学生可以在进行实验操作的同时，通过虚拟实验平台获得实验数据和结果，这种实时反馈可以帮助学生更好地掌握实验过程和实验结果。通过实时获得实验数据和结果，学生可以更好地理解实验原理和实验数据的含义，从而更加深入地掌握实验知识。

其次，虚拟实验平台提供了数据处理工具。学生可以通过虚拟实验平台提供的数据处理工具对实验数据进行分析和处理。这些数据处理工具包括数据图表、统计工具、数据可视化工具等。通过使用这些工具，学生可以更好地理解实验数据的含义，并从中发现规律和趋势。这种数据处理的过程可以帮助学生提高实验数据处理的能力，增强实验思维和科学素养。

（三）实验演示和实验模拟

虚拟实验平台可以为教师提供实验演示和实验模拟的环境，让教师在教学过程中更好地展示实验过程和实验原理，从而更好地实现教学目标。

首先，教师可以通过虚拟实验平台进行实验演示。在实验演示中，教师可以使用虚拟实验平台提供的工具和材料来展示实验过程和实验结果。通过实验演示，学生可以更加直观地了解实验原理和实验过程，并在观察和分析实验结果的过程中加深对实验知识的理解和掌握。教师还可以通过实验演示展示实验中的难点和重点，帮助学生更好地理解实验中的重要概念和实验过程。

其次，教师可以通过虚拟实验平台进行实验模拟。在实验模拟中，教师可以使用虚拟实验平台提供的工具和材料来模拟实验过程和实验结果。通过实验模拟，学生可以在虚拟环境中进行实验操作，掌握实验步骤和实验技能。教师还可以在实验模拟中设置不同的实验条件，帮助学生更好地理解实验原理和实验过程，并在实验中体验到不同实验条件下的实验结果。

（四）实验报告和实验评估

学生可以通过虚拟实验平台进行实验报告和实验评估，将实验结果和数据整理成报告，包括实验的目的、原理、方法、结果和结论等内容。虚拟实验平台提供了一个方便的环境，使学生能够更加便捷地收集、整理和处理实验数据，撰写实验报告。通过实验报告的撰写，学生可以更好地理解实验过程和实验原理，提高实验数据处理和分析的能力，培养科学研究的素养和能力。

　　虚拟实验平台还可以为教师提供实验评估和成绩统计的功能。教师可以通过虚拟实验平台查看学生提交的实验报告，并对实验报告进行评估。评估内容包括实验设计、实验步骤、数据处理和分析、结论等方面。通过实验评估，教师可以了解学生在实验中的表现和实验理解能力，给予学生针对性的指导和反馈。同时，虚拟实验平台可以将学生的实验报告得分统计起来，便于教师进行成绩统计和分析。

二、项目式实验教学

　　项目式实验教学是一种基于问题解决和探究学习的教学模式，它通过让学生参与到具体实践中来，培养学生独立思考、创新思维和解决问题的能力。在项目式实验教学中，学生需要按照一定的流程和步骤来进行实验设计和实验实施，具体包括以下几个方面。

（一）思考和设计实验方案

　　对于学生来说，实验是一个非常重要的学习过程，能够帮助他们巩固理论知识并培养实践技能。在进行实验前，学生需要充分了解实验目的和研究问题，确定实验假设，从而为实验的设计和操作提供指导。在实验设计过程中，学生首先需要考虑实验的可行性、精度和有效性等因素，并根据需要进行适当的修正和优化。此外，选择合适的实验器材和测量仪器也是至关重要的，这可以确保实验的准确性和可靠性。最后，学生需要制定实验步骤和流程，并遵循科学实验的规范和要求进行操作，以确保实验结果的可信度和科学性。通过这一过程，学生可以深入了解科学实验的精神和方法，提高自己的实践能力和科学素养。

（二）调整实验参数

　　在实验过程中，学生需要根据实验设计方案，对实验参数进行调整，以确保实验能够得出准确的结果。这些实验参数包括控制实验环境、调整实验样品、变化测量参数等。学生需要反复尝试和调整实验参数，才能找到最佳的实验方案。在调整实验参数时，学生需要认真观察实验结果，记录每次实验的数据，并进行数据分析和比较。通过这个过程，学生可以了解每个实验参数对实验结果的影响，优化实验方案，提高实验结果的准确性和可靠性。此外，在调整实验参数的过程中，学生还需要注意实验的安全性和规范性，遵守实验室的安全操作规程，确保实验过程的顺利进行。通过这一过程，学生可以掌握实验调整和优化的技巧和方法，提高自己的实验技能和科学素养。

（三）采集和处理实验数据

在实验过程中，学生需要根据实验步骤和流程，采集实验数据，并进行处理和分析。在数据处理过程中，学生需要运用数据处理软件和统计方法，对实验数据进行整理和分析，以确定实验结果的可信度和科学性。在数据分析过程中，学生需要进行数据预处理、统计分析、图表制作等步骤，并根据数据分析结果得出结论和解释[16]。在实验数据的处理和分析过程中，学生需要注意数据的准确性和可靠性，尽可能减少数据误差和漏洞，并对数据进行多次检验和验证，以确保数据的科学性和客观性。通过这一过程，学生可以掌握数据处理和统计分析的技巧和方法，提高自己的实验技能和科学素养，为日后的科学研究打下坚实的基础。

（四）分析和解释实验结果

在进行物理实验时，学生需要根据实验数据和假设对实验结果进行分析。在这一阶段，学生要全面、准确和客观地分析和解释实验结果，以便更好地理解物理学原理。这包括对实验所得数据的处理和分析，确保数据的准确性和可靠性，以及对实验结果的合理解释。学生应该能够将实验结果与物理学理论联系起来，解释结果与理论之间的关系，并得出合理的结论。同时，学生还应该能够清楚地表达自己的观点和想法，以便其他人能够理解和接受他们的结论。通过这个过程，学生将会获得更深入的物理学知识，培养批判性思维和科学素养，并提高他们的实验技能和科学研究能力。

（五）总结和展示实验成果

为了总结和展示实验成果，学生需要充分准备并精心设计实验报告，其中包括实验的设计和流程、数据采集和处理、实验结果和结论等。学生需要通过口头和书面表达，向同学和教师介绍实验成果，并回答他们的问题和提供反馈。通过这个过程，学生可以改善他们的表达能力和沟通技巧，同时接受反馈和评价，以便更好地改进和完善实验方案。在展示实验成果时，学生应该注意精细化实验报告，包括组织清晰的文本、图表和其他相关材料。最后，学生需要根据他们的实验结果和结论，提出新的问题和未来的研究方向，以促进科学研究的发展。

通过参与项目式实验，学生可以深入理解物理学原理，提高创造力和解决问题的能力，并培养团队协作和沟通能力。因此，项目式实验教学是一种非常有价值的教学方法，可以帮助学生更好地掌握物理学知识和技能。

三、多媒体教学

多媒体教学是一种结合多种媒体形式，如文字、图片、音频、视频等，来辅助教师进行教学的方法。它可以帮助学生更好地理解和记忆学习内容，提高学习效率和质量，同时也提供了更加生动、直观的教学体验。在大学物理实验教学中，多媒体教学可以应用于以下几个方面。

（一）实验预习

大学物理实验教学中，多媒体教学手段可以帮助学生在实验前进行实验预习，使得学生能够更好地理解实验原理，掌握实验步骤，提高实验效率。可以用以下方法实现实验预习。

（1）制作教学视频。教师可以制作实验教学视频，让学生在预习时观看。视频中可以讲解实验原理、操作步骤、注意事项等。视频中应该包含清晰的图示和文字说明，以便学生更好地理解。

（2）利用动画演示。在实验原理和操作步骤方面，教师可以使用动画演示，帮助学生更好地理解。例如，可以用动画演示电路中电流的流动、光的传播路径等。

（3）提供虚拟实验软件。虚拟实验软件可以模拟实验操作过程，使得学生能够在计算机上完成实验预习。这样可以让学生在实验前更好地掌握实验原理和步骤，提高实验效率。

（4）提供在线讲解。在实验预习过程中，学生可能会遇到一些问题，教师可以通过在线讲解来解答学生的疑问。可以是在线课程、QQ 群、微信群等形式，让学生随时随地都能获取帮助。

（5）提供实验报告模板。为了让学生更好地掌握实验报告的写作规范，教师可以提供实验报告模板，让学生在实验预习时就开始思考实验报告的写作。这样能够帮助学生更好地理解实验原理和实验过程，同时提高实验报告的质量。

（二）实验展示

在大学物理实验教学中，多媒体教学手段可以提高学生的学习兴趣和教学效果，同时还可以更直观地展示实验过程和结果。下面是通过多媒体教学手段来进行实验展示的示例。

（1）视频展示。可以录制实验过程和结果的视频，将其展示在课堂上。这样可以更生动形象地呈现实验过程和结果，让学生更加直观地了解实验过程。

（2）3D 模型展示。对于一些复杂的实验设备和实验现象，可以使用 3D 模型进行展示。这样可以让学生更加清晰地了解实验原理和过程，同时还可以让学生更加深入地理解实验原理。

（3）图片展示。可以使用图片来展示实验设备、实验过程和实验结果。图片可以帮助学生更加直观地了解实验设备和实验过程，同时还可以更好地展示实验结果。

（4）动画展示。对于一些抽象的物理概念和现象，可以使用动画进行展示。动画可以让学生更加生动地了解物理概念和现象，同时还可以让学生更加深入地理解物理概念。

（5）演示软件展示。可以使用一些演示软件进行实验展示，如 PPT、Prezi 等。这些软件可以帮助教师更好地呈现实验过程和结果，同时还可以帮助学生更好地理解实验原理和过程。

（三）实验报告

在大学物理实验教学中，多媒体教学可以为学生提供更多的实验报告写作工具和技巧，如 PPT、Word、视频等。以下是在大学物理实验教学中，如何用多媒体教学手段来撰写实验报告的示例。

（1）PPT 制作实验报告。PPT 是一个广泛使用的工具，可以帮助学生更好地组织和展示实验数据和结论。学生可以使用 PPT 来制作实验报告的标题页、目录页、实验目的、实验原理、实验步骤、实验数据和结论等部分。PPT 制作实验报告可以提高报告的可视性和可读性，使报告更加生动、形象、有条理。

（2）Word 撰写实验报告。Word 是一款常用的文本编辑工具，可以帮助学生更好地撰写实验报告。学生可以使用 Word 来完成实验报告的正文、实验数据表格、实验图表、参考文献等部分。在撰写实验报告时，学生需要注意排版、字体、行距等问题，保证报告的规范性和美观性。

（3）视频展示实验过程。在一些实验过程比较复杂的实验中，学生可以使用视频来展示实验过程。视频可以生动地展示实验的步骤和过程，让观众更容易理解实验的内容和原理。在制作视频时，学生需要注意选取合适的拍摄角度，保证画面稳定、声音清晰、字幕准确等。

四、翻转课堂教学

翻转课堂教学的核心思想是将传统的课堂教学中的讲授内容和课堂练习活动交换位置，即把传统的讲授过程放在课外自学阶段完成，而把传统的课堂练习活动放在课堂时间进行[17]。这种教学方法可以帮助学生更好地理解和应用所学知识，激发他们的学习兴趣和创造力。

（一）实验前预习

在大学物理实验教学中，翻转课堂教学方法可以用于实验前的预习，以便学生在实验室中更好地理解实验内容和实验步骤。以下是如何使用翻转课堂教学方法进行实验前预习的详细步骤。

（1）选择适合的教学内容。首先，需要选择适合的教学内容，这些内容应该是学生在实验室中需要掌握的关键知识点。这些知识点可以包括实验原理、实验设备、实验步骤和数据分析等内容。

（2）准备预习材料。根据所选的教学内容，准备相应的预习材料。这些材料可以是视频、PPT、文章、案例等形式，重点是让学生可以在自己的时间里，随时随地学习。

（3）安排学生自主学习时间。将预习材料提供给学生后，需要安排学生自主学习时间。这些时间可以在实验课前的一周或几天内，让学生通过翻转课堂的方式自主学习相关知识点。

（4）组织讨论和答疑。在学生进行预习后，可以安排一些小组讨论或者个人答疑时间，让学生将学习的内容互相分享和探讨。这有助于学生更好地理解和巩固知识点。

（5）提供辅助材料和指导。在学生进行实验前，可以提供一些辅助材料和指导，帮助学生更好地准备实验。这些材料可以包括实验步骤、实验注意事项、数据处理方法等内容，让学生更有针对性地进行实验。

（二）实验操作指导

在大学物理实验教学中，教师可以采用翻转课堂教学方法来进行实验操作指导，以下是详细的步骤。

（1）设计课前学习任务。教师可以提前布置课前学习任务，要求学生在实验前学习相关理论知识、实验原理和实验步骤等内容。学生可以通过教材、视频、PPT 等多种方式获取知识。

（2）实验现场演示。在实验室中，教师可以进行现场演示，让学生观察并记录实验过程，这可以帮助学生更好地理解实验原理和实验步骤。在演示时，教师应该详细讲解每一个步骤的目的和意义，避免让学生只看而不思考。

（3）学生实验操作。教师可以让学生在小组内自主进行实验操作，可以指导学生操作方法并及时解答学生的问题。在这个过程中，学生可以更好地理解实验的实际操作过程，同时也能够发现一些实验中的细节问题。

（4）实验结果分析。在学生完成实验后，教师可以引导学生进行实验结果的分析和讨论，让学生自主发现实验中存在的问题，提出解决方案，归纳实验结论等。这有利于学生思考和发现实验的本质，以及巩固和拓展学生的实验技能。

（5）总结反思。在实验结束后，教师可以引导学生进行总结和反思。可以让学生交流彼此的实验体验和感受，并在此基础上总结实验的成功之处和不足之处。这有利于学生从实验中得到更深入的启示和反思，为以后的学习和实验做好准备。

（三）实验数据分析

在大学物理实验教学中，翻转课堂教学方法可以用于实验数据分析。下面是具体的步骤。

（1）设计预习任务。在课前，教师可以为学生设计一些预习任务，如阅读实验手册、视频教学、习题练习等。这些任务可以让学生在课前掌握一些实验的基本知识，为数据分析打下基础。

（2）学生自主进行实验。在课堂时间，教师可以让学生自主进行实验。在实验过程中，教师可以给予必要的指导，帮助学生解决实验中的问题。

（3）进行数据分析。在课后，教师可以为学生设计一些数据分析任务，如绘制图表、计算统计量、进行误差分析等。学生可以利用课后时间，对实验数据进行分析。

（4）提供反馈和指导。教师可以通过在线讨论、小组讨论等方式，对学生的数据分析进行反馈和指导。同时，教师也可以提供一些参考答案，让学生对自己的分析结果进行对比和修正。

通过以上步骤，翻转课堂教学方法可以让学生更加深入地理解实验数据分析的过程和方法，提高他们的数据分析能力。同时，学生也可以通过课前预习和课后分析，更好地掌握实验知识和技能，从而提高实验的效果和成果。

五、创新实验教学

创新实验教学是指通过设计和实施具有创新性的实验课程来提高学生的科学素养和创新能力。创新实验教学不仅关注学生的知识技能，还关注学生的探究精神、思维能力和解决问题的能力。

（一）实验设计方面

1. 创新实验教学注重实验设计的多元化

创新实验教学注重培养学生的实践操作能力和创新思维能力，因此在实验设计方面，教师需要开发出多样化、创新性的实验内容和方法，让学生在实践中学习，激发他们的学习兴趣和动力。

2. 创新实验教学重视实验设计的探究性和开放性

创新实验教学强调学生的自主学习和探究，因此在实验设计中，需要注重实验的开放性，让学生能够自主探究实验现象，发掘问题和提出解决问题的方法。此外，实验设计还要注重实验结果的探究性，让学生通过实验结果的观察和分析，深入理解物理知识。

3. 创新实验教学强调实验设计的互动性

创新实验教学注重学生之间、学生与教师之间的互动交流，因此在实验设计中，需要注重实验的互动性，让学生能够在实验中相互合作、讨论、交流，共同完成实验任务。教师也需要及时回应学生的问题和需求，帮助学生克服实验中遇到的困难。

4. 创新实验教学重视实验设计的实用性

创新实验教学注重将物理知识应用于实践，因此在实验设计中，需要注重实验的实用性，让学生能够将实验结果应用于解决实际问题。此外，教师还需要引导学生将实验结果与理论知识相结合，提高学生的理论水平和实践能力。

（二）实验操作方面

1. 实验教学的模块化设计

传统的实验教学往往将实验内容安排在一次性的实验课上，而创新实验教学采用模块化设计，将实验内容分成几个模块，每个模块包含一个主题和相关的实验操作。这样可以使学生逐步掌握实验技能，同时也能够让教师更好地掌握学生的学习进度。

2. 实验教学的案例教学

创新实验教学在实验操作方面采用案例教学的方法，将实验操作与具体的案例联系起来，让学生在实践中体会理论知识的应用。例如，在学习光学实验时，可以将实验操作与人类视觉、显微镜等实际应用场景相联系，让学生更好地理解光学原理。

3. 实验教学的数字化手段

创新实验教学采用数字化手段，将实验操作和数据处理过程数字化，让学生能够更好地掌握实验技能和数据分析技能。例如，在学习电路实验时，可以使用模拟软件模拟电路实验，并使用数据分析软件进行数据处理和分析，让学生能够更好地理解电路原理和数据分析方法。

4. 实验教学的互动交流

创新实验教学注重学生的参与和互动交流，在实验操作中鼓励学生互相合作、交流和探究。例如，在学习物理实验时，可以让学生组成小组进行实验操作，并鼓励小组成员互相合作、交流和探究，这样可以提高学生的团队合作能力和实验技能。

（三）实验分析方面

1. 强调实验设计和数据处理能力

传统的实验教学注重学生对实验现象的观察和实验操作的技能，而创新实验教学则更加强调学生的实验设计和数据处理能力。学生在进行实验之前需要制定实验方案和数据处理方案，同时在实验过程中需要注意数据的精确性和可靠性，以保证实验结果的准确性。

2. 探究实验思想和方法

创新实验教学强调实验思想和方法的探究，学生需要思考实验的原理和方法，了解实验过程中的关键问题，以及如何通过实验数据来验证理论模型。这样可以让学生更深入地理解实验原理和科学方法，培养学生的科学思维和创新精神。

3. 引导学生进行自主实验

创新实验教学鼓励学生进行自主实验，让学生自主选择实验方案、实验器材和数据处理方法，从而激发学生的创造性和主动性。通过自主实验，学生可以深入了解实验的原理和过程，并且可以通过实验数据来验证自己的实验设计和思路。

4. 强调实验与理论的结合

创新实验教学强调实验与理论的结合，鼓励学生将实验结果与理论模型相结合，探究实验结果的物理本质和规律。这样可以让学生更加深入地理解物理学理论模型，培养学生的理论与实践相结合的能力。

（四）实验展示方面

1. 多媒体展示

随着多媒体技术的发展，创新实验教学采用多媒体展示方式可以使学生更加直观地了解实验过程和实验原理。教师可以通过多媒体投影仪、电子白板等设备，在实验室内或教室内进行实验展示，让学生可以更加深入地了解实验过程。

2. 虚拟实验展示

虚拟实验展示是一种新兴的实验教学方式，可以通过计算机模拟实验过程和结果，让学生在虚拟环境中进行实验操作和数据分析，从而达到实验教学的效果。虚拟实验展示可以解决实验设备的不足、实验过程中存在的危险因素等问题[18]。

3. 实物展示

实物展示是指将实验过程中的实物装置、仪器等进行展示，让学生可以亲自观察实物，了解实验原理和实验过程。这种展示方式可以让学生更加深入地了解实验内容，对实验过程和原理有更加清晰的认识。

4. 模型展示

模型展示是指将实验过程中的物理现象或者实验装置进行模型化展示，让学生可以更加形象地了解实验原理和实验过程。这种展示方式可以让学生更加深入地了解实验内容，对实验过程和原理有更加清晰的认识。

第三节　应用新型教学方法的实验课程案例分析

一、应用新型教学方法的实验课程案例

（一）探究式学习教学方法实验课程案例

实验名称：探究质点在斜面上滑动的运动规律

实验目的：通过实验观察，探究质点在斜面上滑动的运动规律，并了解力学基本概念和定律。

实验步骤：

（1）实验前，学生通过自主学习或教师讲解，了解斜面的基本概念和相关定律。

（2）将斜面调整为不同角度，并在斜面上放置一个小球，用计时器测量小球滑下斜面的时间。

（3）在不同角度下，测量小球滑下斜面的时间和滑行距离，并记录数据。

（4）根据实验数据，学生自主探究小球在不同角度下滑动的运动规律，并与斜面的基本概念和相关定律相结合。

（5）通过实验结果分析和讨论，学生理解斜面的基本概念和相关定律，并对质点在斜面上滑动的运动规律有更深入的认识。

实验设备和器材：

（1）斜面（可调节角度）；

（2）小球；

（3）尺子；

（4）计时器；

（5）记录表格。

实验评估：教师可以根据学生的实验记录和讨论表现，对学生的实验过程和结果进行评估。同时，学生也可以通过实验报告和口头表述来表达自己的理解和探究结果。

（二）合作学习教学方法实验课程案例

案例名称：小组探究实验法

实验课程：力学实验

实验目的：学生能够设计并执行自己的实验，收集和分析数据，撰写实验报告，并与小组成员协作完成实验项目。

实验步骤：

（1）学生自主组成小组，每组 3~4 人。

（2）每组选择一个力学实验主题，并与教师协商确定实验内容。

（3）每组在课前独立研究实验主题，并准备实验计划和材料清单。

（4）在实验课上，每组进行实验，并记录数据和观察结果。

（5）学生在小组内协商并共同分析数据，讨论实验结果的意义，并准备撰写实验报告。

（6）小组成员共同撰写实验报告，并在课堂上进行展示和讨论。

（7）教师对每个小组的实验报告进行评估和反馈。

教学效果：

（1）通过小组合作学习，学生更深入地理解了力学实验的概念和原理，并能够将理论知识应用到实践中。

（2）学生通过自主研究和协作合作，提高了实验设计和执行的能力，同时增强了他们的沟通和团队合作能力。

（3）学生通过小组展示和讨论，提高了他们的口头表达和批判性思维能力，并获得了来自教师和同学的反馈和建议，有助于他们进一步提高实验技能和学术能力。

（4）教师通过对每个小组的实验报告评估和反馈，了解学生的学习状况和学术水平，并为后续的教学提供指导和支持。

（三）创新性实验教学方法实验课程案例

实验名称：基于微控制器的物理测量

实验目的：让学生了解微控制器技术在物理测量中的应用，学会使用微控制器完成物理量的测量和数据处理，并培养学生创新实验设计能力。

实验原理：微控制器是一种嵌入式系统，具有可编程性、高可靠性、低功耗等优点，在科学实验中得到了广泛应用。本实验中，我们将使用基于微控制器的数据采集卡完成物理量的测量，并通过程序对采集到的数据进行处理和分析。

实验步骤：

（1）学生需要首先了解微控制器的基本原理和应用，掌握基本的编程技能，如 C 语言和汇编语言等。

（2）学生需要根据实验要求设计电路并连接到微控制器上，如温度传感器、压力传感器等。

（3）学生需要编写程序对采集到的数据进行处理和分析，如计算温度、压力等物理量的数值，并将数据输出到计算机上。

（4）学生需要通过实验数据分析和讨论，探讨微控制器在物理测量中的应用，以及如何优化实验设计和程序编写，以提高测量精度和准确性。

实验成果：

学生将通过本实验获得以下成果：

（1）掌握微控制器技术在物理测量中的应用。

（2）学会使用微控制器完成物理量的测量和数据处理。

（3）培养创新实验设计能力，提高实验数据分析和讨论能力。

（4）将了解实验的可重复性和精度，从而提高物理实验教学的效果。

（四）虚拟实验技术教学方法实验课程案例

实验名称：光学物理实验

实验目的：通过使用虚拟实验技术，让学生掌握光学物理实验基础知识和实验技能，了解光的波动性和粒子性，学习光的干涉、衍射、偏振等基本现象。

实验内容：

（1）波长测量：理解光的色散原理，通过虚拟仪器测量光的波长，掌握光的波动性质。

（2）杨氏双缝干涉实验：通过虚拟实验器材，观察光的干涉现象，了解干涉条纹的形成规律，掌握干涉实验原理。

（3）衍射实验：通过虚拟实验仪器，观察光的衍射现象，了解衍射原理，熟悉夫琅禾费衍射公式，计算衍射角度。

（4）偏振实验：通过虚拟实验仪器，观察光的偏振现象，掌握偏振光的产生和检测方法，了解偏振光的性质和应用。

实验方法：

（1）学生在计算机实验室或自己的电脑上登录虚拟实验平台，选择光学物理实验课程，进入虚拟实验环境。

（2）学生根据实验指导书，按照实验步骤进行操作，观察并记录实验结果。

（3）学生通过虚拟实验平台，进行实验数据处理和分析，撰写实验报告。

教学效果：

（1）通过虚拟实验技术，学生可以随时随地进行实验，克服传统实验受地点和时间限制的缺点，增强了学生的学习兴趣和参与度。

（2）学生在实验过程中通过虚拟实验器材进行实验操作，可以有效降低实验操作风险和成本，提高实验数据的准确性和可靠性。

（3）通过虚拟实验平台，学生可以进行实验数据处理和分析，掌握数据处理和分析技能，提高实验教学的效果和质量。

（五）自主学习教学方法实验课程案例

实验名称：电路基础实验

实验目的：通过实验学习电路基本原理，熟悉电路元件的使用方法，理解电路参数的测量方法。

实验内容：

（1）利用电阻、电容和电感等元件构建简单电路，测量电路参数，如电阻、电流、电压等。

（2）研究电路中各种元件的作用和特性，并探究电路中不同元件的组合方式对电路参数的影响。

（3）利用示波器和函数信号发生器等仪器，观察和分析交流电路的特性，如幅度、频率、相位等。

教学方法：

（1）提供实验手册，包括实验目标、实验步骤、实验原理和实验记录表等内容。

（2）在实验室设置电路模拟软件，供学生自主设计和模拟电路，探究不同元件的组合方式对电路参数的影响。

（3）引导学生自主选择实验内容，根据自身兴趣和实验手册中的推荐进行学习。

（4）鼓励学生利用网络资源，如在线教程、视频教程、网上问答等，解决实验过程中遇到的问题。

（5）在实验课上，教师提供必要的指导和解答，帮助学生理解实验原理和方法。

评估方法：

（1）实验记录表和实验报告，评估学生对实验内容和实验原理的掌握程度。

（2）课堂表现，包括学生在实验室中的积极性、合作精神和解决问题的能力等方面。

（六）多媒体教学方法实验课程案例

实验名称：光的干涉与衍射实验

实验目的：

（1）理解光的干涉与衍射现象。

（2）掌握光的干涉与衍射实验的基本原理和方法。

（3）学会使用多媒体教学方法，提高学生的学习效果。

实验步骤：

（1）教师使用幻灯片或视频演示光的干涉与衍射现象，并讲解其基本原理和实际应用。

（2）教师向学生介绍实验器材和实验步骤，并让学生分组进行实验。

（3）学生在实验室内进行实验，并记录实验数据。

（4）学生使用电脑或平板电脑处理数据，并将结果呈现在多媒体演示中。

（5）教师根据学生实验结果和多媒体演示，引导学生讨论实验结果和结论。

（6）教师和学生共同总结实验内容和体会。

实验器材：

（1）光源；

（2）凸透镜；

（3）干涉滤色片；

（4）单缝和双缝衍射板；

（5）干涉计。

评估方法：

（1）学生完成实验报告，并包括数据处理和多媒体演示。

（2）学生参与讨论和总结，表现出对实验内容的理解和掌握。

注意事项：

（1）学生需要注意实验安全，正确使用实验器材。

（2）学生需要认真记录实验数据，保证实验结果的准确性。

（3）教师需要根据学生的实际情况和反馈，及时调整教学策略和方法。

（七）　实验与理论的结合教学方法实验课程案例

实验名称：Rutherford 散射实验

实验目的：通过实验观察 Rutherford 散射现象，验证原子的结构和性质。

实验原理：Rutherford 散射实验是通过将 α 粒子轰击薄金属箔，观察它们的散射情况来研究原子的结构和性质。实验中使用的 α 粒子速度很快，因此可以认为它们是直线运动，并且它们的能量足够高，可以克服原子的电磁力场，与原子核产生相互作用。根据 Coulomb 散射公式，可以计算出 α 粒子的散射角度和散射强度。

实验步骤：

（1）准备实验装置：包括 α 粒子源、薄金属箔、散射角度探测器、能量测量器等。

（2）将 α 粒子源置于散射角度探测器的中心位置，用光束定位调整其位置。

（3）将薄金属箔放在 α 粒子源和散射角度探测器之间，并用光束定位调整其位置。

（4）调整 α 粒子源的能量和强度，使其能够充分散射金属箔。

（5）使用散射角度探测器测量不同散射角度下的散射强度。

（6）根据测量数据，绘制 α 粒子散射角度与散射强度的图像，并进行分析和讨论。

理论分析：

（1）根据 Coulomb 散射公式，计算 α 粒子的散射角度和散射强度。

（2）结合原子的结构和性质，分析实验结果，确定原子的核心结构和电子排布规律。

（3）比较实验结果与理论预测结果的差异，讨论其原因，并提出改进方案。

结合教学方法：

（1）在实验前，讲解实验原理和 Coulomb 散射公式，并与学生讨论 α 粒子与金属箔的相互作用及其原子核和电子的结构和性质。

（2）在实验中，引导学生观察和记录实验现象，帮助学生掌握实验操作技巧。

（3）在理论分析中，引导学生进行计算和分析，并与实验结果进行比较，帮助学生加深对原子结构和性质的理解。

（4）在讨论中，引导学生分析实验结果与理论预测结果的差异，讨论其原因，并提出改进方案，培养学生的创新思维能力。

（5）在实验报告中，要求学生结合实验数据和理论分析，撰写完整的实验报告，培养学生的科学写作能力。

（八）个性化教学方法实验课程案例

实验名称：弹簧振子的振动周期

实验目的：通过测量不同弹簧振子的振动周期，研究弹簧的弹性和振动规律。

实验步骤：

（1）预备知识：弹簧的弹性、振动周期的定义和计算公式。

（2）实验前测试：通过一个简单的选择题测试学生对于弹簧的弹性和振动周期的理解程度。

（3）实验设计：准备不同材质、不同长度和不同质量的弹簧，并分为三组，每组包括两个弹簧。学生可以根据自己的兴趣和水平选择其中一组弹簧进行实验。

（4）实验操作：学生按照实验指导书的要求，测量自己选择的弹簧振子的振动周期，并记录实验数据。

（5）实验结果分析：学生对实验数据进行处理和分析，并与理论计算值进行比较和讨论，找出可能存在的误差和不确定因素。

（6）实验报告：学生根据自己选择的弹簧，撰写一份实验报告，介绍实验过程、结果和分析，并讨论实验中可能存在的问题和改进方法。

个性化教学的实现方式：

（1）实验项目选择：学生可以根据自己的兴趣和水平，选择自己感兴趣的弹簧进行实验，这样可以提高学生的学习兴趣和积极性。

（2）实验指导书：在实验指导书中，对于不同的弹簧，给出了不同的实验操作方法和注意事项，以便学生根据自己选择的弹簧进行实验。

（3）实验结果分析：在实验结果分析中，学生可以根据自己选择的弹簧，探究不同弹簧的振动周期与弹簧的弹性、长度和质量之间的关系，这样可以满足不同学生的需求和兴趣。

（4）实验报告：在实验报告中，学生可以根据自己选择的弹簧，撰写自己的实验报告，这样可以展示学生的学习成果和创新能力。

二、新型教学方法案例结果分析及经验总结

（一）探究式学习教学方法经验总结

1. 优势

（1）激发学生兴趣。探究式学习教学方法是一种基于学生主动探究和发现的教学模式，通过提供问题、场景和工具等，激发学生的好奇心和求知欲，引导学生自主学习和探究。这种教学方法将学生置于自主探究和发现的环境中，让学生从自己的兴趣出发，发现问题、解决问题，从而获得深入的知识理解和学习乐趣。因此，探究式学习教学方法能够激发学生的兴趣，提高学习动力和效果。

（2）提高学习效果。探究式学习教学方法是一种强调学生自主发现和思考的教学模式。通过自主探究和发现，学生能够更深入地理解知识，形成更为牢固的知识结构。此外，探究式学习教学方法能够提高学生的创造性思维，促进学生的综合能力发展。因此，探究式学习教学方法能够提高学习效果。

（3）培养学生能力。探究式学习教学方法强调培养学生的自主学习和解决问题的能力。学生在探究式学习中，需要自主思考和发现，提高了学生的自主学习能力。同时，学生需要解决问题，提高了学生的解决问题能力和创新能力。因此，探究式学习教学方法能够培养学生的自主思考、自主探究和解决实际问题的能力，从而提高学生的综合能力。

（4）促进团队协作。探究式学习教学方法强调学生之间的合作和交流。学

生在探究式学习中需要相互交流和合作，共同解决问题，培养了学生之间的团队协作和合作精神。这种教学方法不仅能够提高学生的社会交往能力，还能够提高学生的团队协作能力。因此，探究式学习教学方法能够培养学生的合作意识和合作能力，从而提高学生的综合能力。

2. 劣势

（1）教师工作量大。探究式学习教学方法要求教师在教学中扮演指导者和引导者的角色，需要在课前准备和组织教学材料，协助学生明确学习目标，提供有效的问题引导，帮助学生分析问题，引导学生解决问题等。这些任务需要大量的时间和精力，教师需要投入更多的工作量来保证教学效果。此外，教师还需要及时跟进学生的学习情况，及时提供反馈和支持，帮助学生克服学习中的困难，这也增加了教师的工作量。

（2）学生掌握程度不均。探究式学习教学方法注重学生自主探究和发现，学生需要根据自己的兴趣和能力自主选择学习内容，独立思考和解决问题。然而，由于学生的水平和兴趣不同，学生的掌握程度也会存在差异。有些学生可能需要更多的指导和支持，而有些学生则可能需要更大的自主权。这就需要教师针对不同的学生制定不同的探究任务和问题，根据学生的学习情况及时调整教学策略，帮助学生充分发挥自己的潜力。

（3）时间成本高。探究式学习教学方法需要学生花费较多的时间去探究和解决问题，这需要学生在课堂内外花费大量的时间和精力。由于学生需要更多的自主权和独立思考，可能会导致学习进度较慢，时间成本较高。同时，由于探究式学习注重学生的自主性和合作性，需要学生之间互相协作和分享资源，这也需要一定的时间和精力。因此，学生需要在时间管理和学习计划方面更加注重，确保在探究式学习中取得更好的效果。

3. 经验总结

（1）教师要充分准备。在探究式学习教学方法中，教师需要提前充分准备教学内容和教学活动。教师应该根据学生的年龄、认知水平、兴趣爱好等因素来设计教学活动，以激发学生的学习热情和积极性。在准备教学内容和教学活动时，教师应该注重学生的实际体验和感受，使学生在探究中真正地学会知识。

（2）确定评价标准。在探究式学习教学方法中，评价标准至关重要。教师需要根据教学目标和学生的实际情况确定明确的评价标准，以便评价学生的探究活动和成果。评价标准应该注重学生的思维能力、实践能力、创新能力等方面的发展，鼓励学生自主探究和发现，激发学生的学习兴趣和创造力。

（3）鼓励学生思考。探究式学习教学方法强调学生自主思考和发现。在教学过程中，教师应该注重鼓励学生提出问题和思考，以激发学生的创造性思维和解决问题的能力。教师可以通过提供多样化的学习资源、创设开放性的学习环境、引导学生发问、启发学生思考等方式，促进学生的主动思考和探究。

（4）强化团队协作。探究式学习教学方法需要学生之间的合作和交流。教师应该注重团队协作和交流的培养，以提高学生的社会交往能力和团队协作能力。教师可以通过课堂组织、活动设计、角色分配等方式，促进学生之间的交流和合作。同时，教师应该注重培养学生的合作意识和责任感，以促进学生的自主学习和发展。

（二）合作学习教学方法经验总结

1. 优势

（1）提高学生的学习效果。合作学习是一种基于团队合作和互动交流的学习方式。通过小组讨论、合作、互相支持和共同完成任务，可以激发学生的学习兴趣和积极性，使学生更加主动地参与学习。此外，在合作学习中，学生可以从小组中获得不同的观点和想法，增强对学科知识的理解和掌握，提高学生的学习效果。

（2）增强学生的合作能力。合作学习是一种基于小组合作的学习方式，通过小组互动、沟通和协作，可以帮助学生提高团队合作能力和协作能力，增强学生的团队意识和社会责任感。在合作学习中，学生需要相互配合、支持和协作，共同完成任务，这有助于培养学生的合作能力和团队精神，为未来的社会生活做好铺垫。

（3）增强学生的思维能力。合作学习可以激发学生的思维能力和创新能力。在小组讨论和合作过程中，学生可以分享和交流自己的想法、观点和策略，从而增强逻辑思维能力。此外，小组成员之间可以相互启发、激励，提高学生的创新能力和解决问题的能力。

（4）个性化学习。合作学习可以根据学生的不同特点和需求，将学生分组进行合作学习，实现个性化学习。在小组学习中，学生可以根据自己的实际情况和需求，选择适合自己的学习策略和方式，有助于学生更好地掌握知识和技能，提高学习效果。同时，小组成员之间可以互相学习和帮助，弥补彼此的不足，提高学生的学习效果和综合素质。

2. 劣势

（1）需要管理和指导。合作学习需要教师进行管理和指导，教师应该制定合适的学习任务和目标，为小组成员提供指导和反馈，并确保小组成员之间的合作和学习效果。教师还应该鼓励学生相互交流、讨论和协作，从而增强学生的合作意识和团队精神。

（2）不利于孤僻或腼腆的学生。合作学习需要学生相互交流和协作，但是对于孤僻或腼腆的学生来说，参与合作学习可能会有些困难。教师可以采取一些措施，如进行小组讨论前的准备，让学生有充足的时间准备自己的观点和想法，并给予鼓励和支持，从而帮助孤僻或腼腆的学生更好地参与到合作学习中来。

（3）会受到人际关系的影响。合作学习可能会受到小组成员之间的人际关系的影响。如果小组成员间存在矛盾或者互相不信任，可能会影响小组的学习效果。教师可以引导学生进行合适的沟通和协商，帮助小组成员之间建立良好的人际关系，以确保小组成员能够更好地相互合作、交流和学习。

（4）可能会有自由骑车现象。在合作学习中，个别学生可能会依赖其他小组成员的努力和成果，没有真正的学习过程，这种现象称为"自由骑车现象"。教师可以通过合理的小组组建和任务安排，以及及时的反馈和评估，避免"自由骑车现象"的发生，并鼓励每个小组成员充分发挥自己的作用，参与到小组学习中来。

3. 经验总结

（1）制定明确的学习目标和计划。在实施合作学习时，教师需要明确学习目标和计划，以确保小组成员之间的合作和学习效果。教师需要根据课程内容和学生的特点，制定合适的学习目标和计划，包括课程进度、任务分配、学习资源等方面。

（2）考虑学生的特点和需求。合作学习需要考虑到学生的特点和需求，将学生分组进行合作学习，以达到个性化的学习效果。教师需要根据学生的兴趣爱好、学习能力、学科知识等方面，进行合理的分组，以满足学生个性化的学习需求。

（3）适当的管理和指导。教师需要适当地进行管理和指导，帮助学生解决问题和困难，同时也需要给予学生一定的自主选择和自由空间，以激发学生的学习兴趣和创新能力。教师可以采用问答、讨论等方式，促进学生之间的互动和合作。

（4）培养学生的合作能力和团队精神。在合作学习中，需要注重培养学生的合作能力和团队精神，同时也需要尊重每个学生的意见和观点，建立平等、和谐的小组氛围。教师可以设置团队目标、任务和奖惩机制，以激发学生的合作和创新精神。

（5）评估和反思合作学习的效果。教师需要注意评估和反思合作学习的效果，及时调整和改进教学策略和方法，以达到最优的教学效果。教师可以采用问卷调查、观察、作业评分等方式，对学生的学习效果进行评估，并结合学生反馈，进行反思和改进。

（三）创新性实验教学方法经验总结

1. 优势

（1）激发学生的学习兴趣。创新性实验教学方法通过让学生在实践中自主探究和发现知识，可以激发学生的学习兴趣。学生在实验中可以更加深入地理解知识，并且发现知识的魅力，从而增加对学科的兴趣和热情。这种教学方法可以使学生更加积极主动地参与学习，促进学生的学习效果。

（2）增强学生的实践能力。创新性实验教学方法是一种注重实践的教学方法。学生通过实践来深入了解知识，并且能够将所学知识应用到实际问题中，从而增强实践能力和应用能力。通过实验教学，学生可以更加直观地感受到理论知识的实际应用，提高学生的实践能力和解决问题的能力。

（3）提高学生的探究能力。创新性实验教学方法强调学生自主探究，鼓励学生发现问题和解决问题。学生在实验中需要进行观察、分析、总结和归纳等活动，从而提高学生的探究能力和创新能力。实验教学可以帮助学生积累实践经验，培养解决问题的能力，提高学生的思维能力和逻辑推理能力。

（4）培养学生的团队合作精神。创新性实验教学方法强调团队合作，可以培养学生的团队合作精神，增强学生的交流能力和合作意识。实验教学中学生需要进行合作讨论，协调工作，相互支持，共同完成任务，从而增强学生的团队意识和团队协作能力。这种教学方法可以使学生更好地适应社会发展趋势，培养合作意识，提高学生的综合素质。

2. 劣势

（1）需要教师投入大量时间。创新性实验教学方法需要教师花费大量时间和精力来准备和设计实验，同时需要指导和监督学生的实验过程，以确保实验的安全和有效性。这可能会增加教师的工作量和负担，影响其他教学任务的完成。

（2）学生自主性差。部分学生习惯被动接受知识，对于自主探究和实践缺乏热情和动力，可能导致实验效果不佳。一些学生可能会对实验缺乏兴趣和热情，没有积极参与实验，从而影响实验效果。此外，一些学生可能缺乏自主探究和创新的能力，需要更多的指导和帮助来完成实验。

（3）实验设备和环境限制。一些实验需要特殊设备和环境，如实验室、仪器和设备等，而学校可能无法提供这些资源，或者提供的资源不足以满足实验的需要。这可能会限制创新性实验教学方法的实施和推广，同时增加实施成本和难度。

3. 经验总结

（1）确定合适的实验课程。选择合适的实验课程是创新性实验教学方法的第一步，这需要考虑到学生的年级、课程内容和实验目的等因素。通过选择合适的实验课程，可以提高学生的实践能力和创新意识，使其更好地理解理论知识和应用能力。

（2）建立良好的教师-学生关系。在创新性实验教学中，教师需要充分发挥指导作用，与学生建立良好的关系，激发学生的学习兴趣和热情。教师需要关注学生的学习状态和需求，鼓励学生提出问题并提供解决方案，建立信任和互动，以促进学生的学习效果。

（3）提供充足的实验设备和环境。学校需要提供充足的实验设备和环境，以支持创新性实验教学方法的实施。这包括提供实验室设备和教学用具，确保实验室环境的安全和舒适，以及保障实验室的运行和管理。学校可以通过合理规划和投入资金等方式，提高实验设备和环境的水平和质量，为学生提供更好的实验教学体验。

（4）鼓励学生自主学习。在创新性实验教学中，教师应该鼓励学生自主学习，通过独立思考和探究来增强他们的实践能力。教师可以为学生提供相关的资源和指导，以帮助学生发现问题，制定解决方案，并通过自己的实践来解决问题。通过这种方式，学生将会变得更加自信，他们会对自己的创新能力产生更多的信心，并且更加深入地理解实验原理。

（5）组织学生合作学习。在创新性实验教学中，教师应该组织学生进行合作学习。这种学习方式可以增强学生的团队合作能力、交流能力和解决问题的能力。通过团队合作学习，学生可以学会如何更好地与他人协作，如何进行有效的交流，如何互相学习和提供帮助。在这个过程中，教师应该尽可能地鼓励学生自主学习，这样学生们将会更好地理解实验的原理和过程。

（6）不断改进教学方法。创新性实验教学方法需要不断改进和完善。教师应该通过总结经验、了解学生的反馈、评估实际效果来调整和改进教学方法，以提高实验效果。教师可以通过参加教学培训、和其他教师分享经验、和学生交流等方式来改进自己的教学方法。在教学实践中，教师应该注重观察和反思，探索适合自己和学生的创新性实验教学方法。这样，教师就能够更好地满足学生的需求，提高实验效果。

（四）虚拟实验技术教学方法经验总结

1. 优势

（1）安全性。虚拟实验的最大优点之一是保证学生的安全。与传统的实验相比，虚拟实验不需要学生亲自操作实验室设备，消除了很多安全隐患。学生不会遭受化学品泼溅、电路短路、玻璃器皿破裂等意外事故的风险。同时，虚拟实验还可以在安全的环境下进行一些危险的实验，如核反应、高温高压等，这些实验在传统实验室中很难进行，因为会涉及较大的风险。

（2）经济性。虚拟实验不需要购买昂贵的实验设备和材料，因此比传统实验更为经济。特别是对于一些实验条件苛刻、设备昂贵的学科，如生命科学、物理等，虚拟实验可以大大降低实验成本。此外，虚拟实验还可以通过多个版本的实验模拟器，将教学资源最大化地利用，降低教学成本。

（3）重复性。虚拟实验可以反复进行，这是传统实验所无法比拟的。学生可以重复练习，加深理解实验过程和结果，提高学习效果。传统实验一般只有一次机会，很难掌握所有细节和变化，而虚拟实验则可以随时停止、重新开始和调整，让学生对实验的每一个步骤和结果进行深入的理解和掌握。

（4）可控性。虚拟实验可以在不同的条件下进行，如改变实验参数、材料、环境等，帮助学生理解实验原理和参数对实验结果的影响。这种可控性可以让学生通过对不同变量的调整，对实验结果进行观察和分析，增强对实验的理解和掌握。而在传统实验中，因为实验设备和材料的限制，学生往往无法进行大量的实验变化。

（5）互动性。虚拟实验通常具有良好的互动性和可视化效果，能够使学生更好地理解和掌握实验过程和结果。在虚拟实验中，学生可以通过操作设备、调整参数、观察结果等方式参与到实验中来，从而深入理解实验原理和规律。此外，虚拟实验通常具有良好的可视化效果，可以将实验结果通过图表、动画等形式呈现出来，让学生更加直观地理解实验结果和规律。同时，虚拟实验也支持实时交互，学生和教师可以通过网络等方式进行实时的交流和讨论，加深对实验过程和结果的理解和记忆。

2. 劣势

（1）真实性。虚拟实验只是模拟实验过程，无法完全代替真实实验。有时候虚拟实验的结果可能会与真实实验结果有出入，因此学生可能无法完全掌握实验的真实情况和实验过程中出现的异常情况。例如，虚拟实验不能完全反映真实实验中可能出现的实验误差和误差来源，以及在实验过程中出现的各种情况，如设备损坏或误操作等。因此，在使用虚拟实验时，学生需要了解虚拟实验与真实实验之间的差异，同时还需要进行真实实验来进一步巩固和加深对实验知识的理解。

（2）体验性。虚拟实验相对于真实实验来说，缺乏实验的感受和体验，可能会降低学生的兴趣和动机。学生可能会感到虚拟实验过程单调乏味，缺乏实验现场的真实感和冒险感，无法激发学生的学习兴趣和热情。因此，在设计和实施虚拟实验教学时，教师需要设计具有趣味性和挑战性的虚拟实验，并引导学生积极参与，从而提高学生的兴趣和动机，促进深度学习。

（3）依赖性。虚拟实验需要相应的设备和软件支持，而这些设备和软件的成本相对较高。此外，虚拟实验也受到网络和计算机性能等因素的限制，如果计算机或软件出现问题，虚拟实验的进行可能会受到影响。因此，在使用虚拟实验时，需要保证设备和软件的可靠性和稳定性，并及时进行维护和更新。同时，还需要考虑学生的使用体验和设备要求，尽可能降低使用成本，提高教学效果。

3. 经验总结

（1）选择合适的软件和模拟环境。在应用虚拟实验时，需要根据具体教学目标和实验要求选择合适的软件和模拟环境。这一部分包括对虚拟实验软件和模拟环境的了解和评估，以及根据教学目标和实验要求选择适合的虚拟实验软件和模拟环境。

（2）设置清晰的实验内容和实验要求。为了使虚拟实验能够顺利开展，需要将虚拟实验与课程教学紧密结合，设置清晰的实验内容和实验要求。这一部分包括对虚拟实验内容和实验要求的设计，以及指导学生有效地进行实验操作。

（3）提高学生的实验操作技能和实验设计能力。虚拟实验与真实实验相结合，可以通过虚拟实验的预备和演练，提高学生的实验操作技能和实验设计能力。这一部分包括虚拟实验与真实实验相结合的方式和方法，以及如何有效地利用虚拟实验进行实验预备和演练。

（4）采用其他教学方法来补充和弥补虚拟实验的真实性和体验性不足。虚拟实验存在真实性和体验性问题，因此需要采用其他教学方法来补充和弥补。这一部分包括如何通过实地参观、实验报告等方式来弥补虚拟实验的不足，以及如何结合虚拟实验和其他教学方法来提高教学效果。

（5）考虑教师和学生的技术素养和技术支持。为了保证虚拟实验教学的顺利开展，需要考虑到教师和学生的技术素养和技术支持。这一部分包括如何为教师和学生提供技术支持，以及如何培养学生的计算机操作技能和对虚拟实验的基本了解。

（6）及时收集学生的反馈和评价，改进教学效果。在使用虚拟实验进行教学时，需要及时收集学生的反馈和评价，了解学生对虚拟实验的看法和使用情况，以便及时调整教学策略和改进教学效果。这一部分包括如何收集学生的反馈和评价。

（五）自主学习教学方法经验总结

1. 优势

（1）激发学生的学习热情和主动性。自主学习教学方法强调学生的主动性和自我管理能力，通过鼓励学生自主探索、自我评价和反思等方式，激发学生的学习热情和主动性。在这种教学方法中，学生可以自由选择学习内容和学习方式，从而提高学习的自由度和灵活性。此外，学生在自主学习过程中，往往需要积极主动地寻找资源、解决问题，这种自我驱动的学习方式可以帮助学生养成自我控制和管理的能力，进而激发学习热情和主动性。

（2）个性化学习。自主学习教学方法注重学生的个性化学习需求，通过学生自主选择学习内容和学习方式，让每个学生都能够按照自己的学习节奏和风格进行学习。这种教学方法可以更好地满足学生的学习需求和兴趣，提高学习效果。此外，个性化学习可以帮助学生更好地发挥自己的潜能，激发学生的学习动力和热情，促进学生的自我发展和成长。

（3）促进深入学习和思考。自主学习教学方法通过问题导向的方式，鼓励学生思考和分析问题，提高他们的逻辑思维和分析能力。学生在自主学习中可以根据自己的兴趣和需求，深入研究问题，从而更加深入地理解和掌握知识。此外，自主学习还可以帮助学生更好地发现问题的本质，从而更好地解决问题，提高学生的创新和解决问题的能力。

（4）促进团队合作和互动。自主学习教学方法强调学生之间的合作和互动，通过小组讨论、互动、反思等方式，促进学生之间的交流和合作，提高学生的协作和沟通能力。学生在自主学习中可以与同学共同探讨和解决问题，从中获得不同的经验和想法，共同进步。此外，团队合作和互动还可以培养学生的社交能力和领导能力，为学生的未来发展打下良好的基础。

2. 劣势

（1）需要花费更多的时间和精力。自主学习教学方法需要学生自行寻找和整理学习资源，安排学习时间和学习进程，相比传统的教学方法需要更多的时间和精力。因为学生需要自己掌握学习内容并做好时间安排，这需要一定的自我管理和组织能力。虽然这有助于培养学生的自主学习能力，但也可能增加学生的学习负担。

（2）学习过程中可能会出现困惑和挫折。自主学习教学方法注重学生自主探索和学习，这需要学生在学习过程中不断思考和解决问题。这样可能会带来一定的困惑和挫折，因为学生需要克服一些学习难点和困难。然而，通过这些困惑和挫折，学生可以增强自己的学习意志和解决问题的能力，培养出更强的自信心和学习动力。

（3）学生之间的学习水平和学习速度可能存在差异。自主学习教学方法强调学生自主探索和学习，这可能导致学生之间的学习水平和学习速度存在差异。因为不同的学生可能需要不同的学习方法和时间来掌握学习内容，这需要学生自己调整学习进程和学习方法。但是，这也有利于学生根据自己的实际情况进行自主学习，充分发挥自己的学习潜力。

3. 经验总结

（1）给学生足够的自主选择权。为了提高自主学习教学方法的效果，需要给学生足够的自主选择权。学生可以根据自己的学习需求和兴趣，自主选择学习内容、学习方式、学习节奏等。同时，教师可以根据学生的学习情况，提供必要的指导和支持，帮助学生更好地进行自主学习。

（2）提供丰富的学习资源和支持。为了促进自主学习，需要提供丰富的学习资源和支持。这些资源包括教材、参考书籍、网络课程、视频教程、在线交流平台等，可以满足不同学生的学习需求。同时，教师也需要提供必要的支持，如提供反馈、答疑、指导等，帮助学生更好地进行自主学习。

（3）关注学生的学习过程和学习成果。自主学习教学方法强调学生的主动性和独立性，但教师也需要关注学生的学习过程和学习成果。教师可以通过定期的评估、反馈和跟踪，了解学生的学习情况，及时发现问题并提供必要的帮助。

（4）组织适当的互动和合作活动。虽然自主学习强调学生的独立性和自主性，但合作和互动也是促进学习的重要因素。教师可以组织适当的小组讨论、团队合作等活动，促进学生之间的互动和交流，增强学生的合作和沟通能力。

（六）多媒体教学方法经验总结

1. 优势

（1）丰富多彩的教学内容。多媒体教学可以使用多种形式的媒体来呈现教学内容，如图片、图表、声音、视频等。这样的多样化的呈现方式可以帮助学生更加直观地理解教学内容，增强学习的趣味性和吸引力，让学生更加愿意学习。通过多媒体教学，学生可以更好地掌握知识点，理解抽象概念，提高学习成果。

（2）提高学生的参与度。多媒体教学可以使学生更加积极地参与到学习过程中。多媒体教学可以为学生提供各种形式的呈现方式，如图片、视频、声音等，让学生更容易理解和吸收知识。此外，多媒体教学还可以激发学生的学习兴趣和好奇心，促进他们主动探究和发现新的知识，从而提高学习效果。

（3）提高学习效率。多媒体教学可以帮助学生更快地理解和掌握教学内容，从而提高学习效率。多媒体教学可以使用各种形式的媒体，如动画、视频、图表等，以生动的方式呈现教学内容，让学生更容易理解和吸收知识。此外，多媒体教学可以让学生随时反复观看和听取相关内容，加深记忆和理解。

（4）方便灵活的教学方式。多媒体教学可以根据不同的教学需要，随时更改和调整教学内容，从而满足不同学生的学习需求。例如，教师可以根据学生的理解程度和掌握情况，随时调整教学内容和方式。此外，多媒体教学可以在不同的时间和地点进行，提高了教学的灵活性。学生可以在学校、家中或者任何地方进行学习，更加方便。

2. 劣势

（1）技术设备要求高。多媒体教学需要使用专业的技术设备和软件，如投影仪、电脑、音响设备、多媒体软件等，这需要学校投入大量的资金和人力资源。而且这些设备需要进行定期维护和更新，以保证其正常运行和更新功能。对于一些学生来说，他们可能没有接触过这些技术设备和软件，需要进行专门的培训，这也需要学校和教师花费更多的时间和精力来进行相关的教育和培训。

（2）对教师的技术能力要求高。多媒体教学需要教师具备一定的技术能力，否则会影响教学效果。教师需要熟悉使用多媒体教学所需的技术设备和软件，并能够灵活运用这些技术手段，以便于有效地呈现教学内容，激发学生的学习兴趣。而且一些老师可能不习惯使用多媒体教学，需要进行专门的培训，这也需要学校和教育机构花费更多的时间和资源来提高教师的技术能力。

（3）可能会导致学生对教学内容的理解不够深入。虽然多媒体教学可以帮助学生更快地理解和掌握教学内容，但有时学生可能只是对表面的内容进行了了解，没有深入理解和探究教学内容。这是因为多媒体教学更加注重展示和呈现教学内容，而不是深入解析和讨论。因此，在使用多媒体教学时，教师需要注意教学内容的深度和广度，注重培养学生的思考能力和批判性思维能力，以确保学生对教学内容的深入理解。

3. 经验总结

（1）综合利用多种媒体。多媒体教学可以利用图像、声音、视频等多种形式的媒体来呈现教学内容，让学生在视听上得到充分的刺激，提高学习效果。但是，过度依赖单一形式的媒体可能会导致学生的学习兴趣降低，从而影响学习效果。因此，多媒体教学应该综合利用多种媒体，根据教学内容和学生的学习特点选择适合的多媒体形式，让学生在学习过程中得到更加全面和深入的理解和掌握。

（2）培养学生的自主学习能力。多媒体教学可以通过让学生积极参与学习来培养学生的自主学习能力，激发学生的学习兴趣和动力。学生可以通过各种媒体来了解教学内容，并在学习过程中积极思考和探究，从而深入理解和掌握知识。在多媒体教学中，教师应该引导学生积极参与，让学生在探究中发现问题，在解决问题中掌握知识，从而不断提高自己的自主学习能力。

（3）给教师提供培训和支持。多媒体教学需要教师具备一定的技术能力，才能顺利地开展教学工作。因此，学校应该给予教师必要的培训和支持，提高教师的技术水平，使教师能够熟练掌握多媒体教学所需的技术设备和软件，掌握多媒体教学的教学方法和技巧，从而保证多媒体教学的质量和效果。

（4）统计和评估多媒体教学效果。多媒体教学是一种融合了多种媒体技术的教学方式，可以通过图像、声音、文字、动画等多种形式呈现教学内容，使学生更加生动、形象地理解和掌握知识。因此，多媒体教学应该综合利用多种媒体，不要过度依赖单一形式的媒体。教师可以根据教学内容的特点和学生的学情，选择合适的媒体形式进行教学。

（七）实验与理论的结合教学方法经验总结

1. 优势

（1）提高学习效果。实验与理论结合的教学方法可以让学生在实践中更深入地理解和掌握理论知识，加深对学习内容的理解和记忆，从而提高学习效果。

通过实验的亲身体验，学生能够更好地理解和应用理论知识。

（2）增强实践能力。实验与理论结合的教学方法可以提高学生的实践能力和解决问题的能力，让学生在实践中积累经验。通过实验，学生可以了解实际操作的过程和方法，提高实践技能，为将来的工作和学习打下基础。

（3）培养创新精神。实验与理论结合的教学方法可以培养学生的创新精神。学生通过实验可以不断探索，思考问题，并且在实验中尝试创新，从而培养创新思维和创新能力，让学生在未来的学习和工作中能够更好地适应和应对变化。

（4）培养合作意识。实验与理论结合的教学方法需要学生互相配合，共同完成任务。在这个过程中，学生需要协调合作，共同解决问题，从而培养合作意识和团队精神。这对于学生未来的工作和生活都是非常重要的，因为很多工作都需要团队合作来完成。

2. 劣势

（1）费时费力。实验与理论结合的教学方法需要花费大量的时间和精力来准备实验。首先，教师需要事先准备好实验的教学材料和实验设备，如实验器材、实验用品、实验试剂等。其次，在实验进行过程中，需要有专人负责指导学生，保障实验的安全和顺利进行。同时，实验与理论结合的教学方法还需要进行实验结果的记录和分析，这也需要一定的时间和精力。因此，实验与理论结合的教学方法对学校和教师的要求比较高，需要足够的人力、物力、财力等方面的支持。

（2）不易量化评估。实验与理论结合的教学方法可能会出现一些学生的实践能力较差，或者实验结果不理想的情况，这些问题不易量化评估，也不容易通过一些标准化的考试来检验学生的学习效果。因此，在实验与理论结合的教学方法中，需要教师关注学生的实践能力和实验结果，并及时对学生进行反馈和指导。此外，教师也需要注意在实验过程中的安全管理和保障，避免出现意外事件，以保障学生的身体健康和学习效果。同时，学校和教师还需要为实验与理论结合的教学方法建立科学的评估体系，如制定实验成果的评分标准、定期组织实验成果展示等，来更全面、客观地评估学生的实践能力和学习效果。

3. 经验总结

（1）充分准备。在进行实验与理论结合的教学时，教师需要充分准备，事先进行充分的实验设计和教学计划，以保证实验能够达到预期的效果。这包括选择合适的实验项目，制定详细的实验步骤和操作规程，确保实验设备和材料的充足性和完整性，以及规划好实验的时间和课程进度等方面。

（2）着重培养实践能力。在进行实验与理论结合的教学时，需要着重培养学生的实践能力，让学生亲身体验实验过程，积极参与实践活动，从而提高实践能力和解决问题的能力。这包括让学生独立完成实验、观察实验现象、分析实验数据、总结实验结论等过程，让学生能够主动思考和探究问题，从而提高学生的实践能力和解决问题的能力。

（3）综合评估学生综合能力。在进行实验与理论结合的教学时，需要综合评估学生的综合能力，包括理论知识的掌握程度、实践能力的表现、创新精神和团队合作精神等方面。从多个维度来评估学生的学习效果。包括实验成绩、实验报告、课堂表现、小组合作等多个方面，以全面了解学生的学习状态和能力表现，帮助学生做好自我评估和提高自身综合能力。

（4）结合现实应用。在进行实验与理论结合的教学时，需要结合现实应用，让学生了解实验和理论知识在实际应用中的作用和价值，从而更好地理解和掌握知识。这包括引导学生思考实验和理论知识在实际工程、生产、科研等领域中的应用场景，帮助学生建立实际应用的概念，培养学生的创新思维和实践能力，同时增强学生对学科知识的兴趣和学习动力。

（八）个性化教学方法经验总结

1. 优势

（1）鼓励学生参与。个性化教学的一个主要目的是激发学生的学习兴趣和动力，让学生更加主动地参与学习。这意味着教师需要为学生提供具有吸引力和挑战性的学习任务和活动，以便激发学生的兴趣和动力。此外，教师还需要提供学生参与和探索的机会，如小组合作、实验和讨论等，以鼓励学生积极参与学习，分享想法和经验，互相学习和支持。

（2）促进学习效果。个性化教学根据学生的个体差异，为每个学生提供独特的学习体验，从而更好地满足学生的需求，提高学习效果。这包括根据学生的兴趣、学习风格、能力和学习水平等因素进行诊断和评估，为学生制定适合他们的学习计划和课程内容。此外，教师还可以提供多种教学方法和资源，以便学生能够更加轻松地掌握和理解学习材料，提高学习效果。

（3）增强学生自信。个性化教学能够更好地尊重学生的个性和差异，让学生感受到被认可和尊重，从而增强他们的自信心。教师可以通过赞扬学生的成就和进步，鼓励学生探索新的学习机会和挑战，以及提供支持和反馈来增强学生的自信心。此外，教师还可以帮助学生了解他们的优势和劣势，制定适合他们的学习计划，从而让学生更加自信地面对学习和生活的挑战。

（4）引导学生学习。个性化教学注重学生的主动性和积极性，引导学生学会自我掌控和自我调整，让学生更好地理解和应用知识。这意味着教师需要提供具有挑战性和反思性的学习任务和活动，以激发学生的学习兴趣和动力。此外，教师还可以帮助学生学会自我评估和反思，了解自己的学习过程和学习成果，以及制定适合自己的学习计划和目标。通过这种方式，学生能够更好地理解和应用知识，发展自己的学习技能和策略，提高学习效果和学习成就。同时，这也能够帮助学生培养自我管理和自我控制的能力，从而更好地适应学习和生活中的变化和挑战。

2. 劣势

（1）需要更多的教学资源。个性化教学需要更多的教学资源，包括人力、物力、时间等方面的投入。教师需要花费更多的时间和精力来了解每个学生的学习情况和需求，为每个学生制定个性化的学习计划和教学方案。此外，个性化教学还需要更多的教学资源来支持不同学生的学习，如教学设备、教材、软件等。

（2）教学难度较大。个性化教学需要根据学生的个体差异，为每个学生提供不同的学习体验，这对教师的教学能力和教育技巧提出了更高的要求。教师需要了解每个学生的学习情况和需求，根据不同的学生制定相应的教学计划和教学方法，同时要能够在教学中不断地调整和改进，以确保每个学生都能够得到有效的支持和帮助。

（3）学生之间的交流可能受到限制。由于个性化教学注重学生的个体差异，每个学生的学习进度和内容都不尽相同，可能会影响学生之间的交流和互动。这可能导致学生之间的交流和互动比较有限，同时也可能会导致学生在某些方面的社交技能和交流能力不足。

3. 经验总结

（1）个性化教学需要更多的教学资源。个性化教学注重根据每个学生的个体差异为其提供定制化的学习体验，这需要更多的教学资源。比如，教师需要更多的时间和精力来制定个性化的学习计划和教学方案；需要更多的教学设备和教具来满足学生的不同需求；需要更多的人力支持来协助教师进行教学和管理等。因此，学校和教育机构需要投入更多的资源来支持个性化教学的实施，以提高教育质量和教学效果。

（2）教师需要具备更高的教学能力和教育技巧。个性化教学需要根据学生的个体差异来制定不同的学习计划和教学方案，因此教师需要具备更高的教学能力和教育技巧。教师需要了解学生的学习特点和需求，设计适合不同学生的教学策略和方法，帮助学生充分发挥自己的潜力[19]。此外，教师还需要掌握多种教学技巧和工具，如数据分析和学习评估等，以帮助学生获得更好的学习效果。

（3）应注意平衡学生个性差异和学生之间的交流和互动。个性化教学注重学生的个体差异和学习需求，但也应注意平衡学生之间的交流和互动。学生之间的交流和互动有利于促进彼此之间的学习和成长，而个性化教学的实施可能会影响学生之间的交流和互动。因此，教育机构和教师应该在实践个性化教学时，注重培养学生的团队合作精神和交流能力，建立良好的班级氛围和教育环境，确保教学效果和学生的全面发展。

（4）建立科学合理的评估和反馈机制。个性化教学需要针对每个学生的不同需求和差异化水平提供相应的教学方案和支持。为此，建立科学合理的评估和反馈机制是必要的。教师可以通过多种方式了解学生的学习情况和进展，如定期考试、作业、小组讨论等。这些评估方式不仅可以帮助教师及时发现学生的问题和困难，也可以帮助学生及时了解自己的学习情况和进展[20]。同时，教师还需要及时给学生提供反馈和指导，鼓励学生发挥自己的潜力，帮助他们克服困难，提高学习成绩。

（5）学校和教育机构提供支持和资源。为了支持个性化教学的实施，学校和教育机构需要提供必要的支持和资源。这包括教育技术设备、教师培训和管理制度等。教育技术设备可以帮助教师更好地实施个性化教学，如电子白板、在线学习平台等；教师培训可以提高教师的个性化教学水平，如如何评估学生、如何制定教学方案等；同时，学校和教育机构还需要建立相应的管理制度，如如何跟踪学生的学习进展，如何管理个性化教学的资料等。

（6）学生和家长的积极配合和支持。学生和家长也需要积极配合和支持，主动与教师沟通，共同努力，提高个性化教学的效果。学生应该积极参与个性化教学，关注自己的学习进展和困难，主动向教师提出问题和反馈。家长可以与教师保持联系，了解孩子的学习情况，提供必要的支持和帮助，共同推动孩子的学习进步。只有学生和家长的积极配合和支持，才能够使个性化教学发挥最大的效果。

第四节　新型教学方法对大学物理实验教学的影响和意义

在大学物理实验教学中，新型教学方法被广泛采用，提高了学生的学习效果和实验技能，增强了学生的实践能力和创新能力，同时也让学生对实验产生了深厚的兴趣和探索精神。

一、提高学生的学习效果

新型教学方法是以多媒体技术为基础的教学模式，它将图像、声音、文字、视频等多种媒体元素相结合，通过交互式、个性化的方式来进行教学，提高了学生的学习兴趣和参与度，同时也更加容易让学生理解和掌握物理实验的基本原理和操作方法。

多媒体教学可以利用图片、动画、视频等多种形式呈现物理实验的过程和结果，使学生可以直观地感受到实验现象，理解实验原理，同时还可以避免由于实验过程烦琐、时间限制等因素导致的学生无法全面掌握实验内容的问题。

互动式教学则可以通过各种互动手段，如课堂讨论、小组讨论、游戏等方式，增加学生之间的交流和互动，使学生更加积极主动地参与到教学过程中，从而提高了学生的学习兴趣和学习效果。例如，可以在课堂上让学生分组进行实验，让他们亲身体验实验过程，掌握实验技能。

个性化教学则是根据学生的不同特点和需求，为其提供个性化的教学服务。通过对学生进行个性化分析，可以为其制定适合其学习需求和兴趣爱好的教学方案，提高其学习效果。例如，可以根据学生的学习风格、学习兴趣、学习能力等因素，为其提供相应的教学内容和教学方法。

二、增强学生的实践能力和创新能力

新型教学方法注重培养学生的实践能力和创新能力，这两种能力在现代社会中非常重要。实践能力是指学生能够将理论知识应用于实际操作中的能力，创新能力则是指学生能够独立思考、提出新思路和解决问题的能力。这两种能力对于学生的未来发展非常重要，因此新型教学方法尤其注重培养学生的实践能力和创新能力。

探究式教学是一种以学生为主体，通过发现、探究、提问和解决问题的方式进行学习的教学模式。在物理实验教学中，可以采用探究式教学来培养学生的实践能力和创新能力。例如，在进行物理实验时，可以提出一些问题，引导学生进行探究式学习，让学生根据自己的实验结果和经验进行判断和总结，发现物理规律。这种教学方法可以让学生充分发挥自己的实践能力和创新能力，提高他们的学习兴趣和学习效果。

问题驱动式教学则是一种以问题为驱动，通过学生自主学习、自主发现和自主解决问题的方式进行学习的教学模式。在物理实验教学中，可以采用问题驱动式教学来培养学生的实践能力和创新能力[21]。例如，在进行物理实验时，可以让学生提出一些问题，通过自己的实验操作和分析来解决这些问题。这种教学方法可以让学生自主发挥实践能力和创新能力，提高他们的问题解决能力和实验操作能力。

三、激发学生的兴趣和探索精神

新型教学方法注重激发学生的学习兴趣和探索精神，这对于学生的学习效果非常重要。学生的学习兴趣和探索精神可以使他们更加投入到学习中，积极参与探索和发现物理实验知识。因此，新型教学方法注重创造轻松愉快的氛围，采用趣味性实验、情景模拟实验等方法来激发学生的学习兴趣和探索精神。

趣味性实验将物理实验与生活、娱乐等有趣的元素结合在一起，从而使学生在愉悦的氛围中学习物理实验知识。例如，在进行物理实验时，可以采用趣味性实验来激发学生的兴趣，如进行有趣的电路拼装实验或者实验中添加音乐、光影等元素，从而使学生在学习的同时能够感受到趣味性和娱乐性。

情景模拟实验通过模拟实际生活或工作场景，让学生身临其境地进行物理实验。例如，在进行物理实验时，可以通过情景模拟实验来激发学生的探索精神，如进行拓扑绕线实验、编程实验等，让学生在实际的场景中学习物理实验知识。

四、促进师生互动和合作学习

新型教学方法注重师生互动和合作学习，这可以促进学生之间的交流和合作，增强学生的学习效果和交际能力。在传统的教学方法中，学生主要是被动接受教师的知识，缺乏与教师和同学之间的互动和合作。因此，新型教学方法注重师生互动和合作学习，使学生在学习过程中能够更加积极地参与其中，提高学习效果。

小组合作实验将学生分为小组，让小组内的学生进行实验操作和数据记录，从而通过互相交流和协作来完成实验。这种教学方法可以增强学生的合作能力和交际能力，提高学生的学习效果。在小组合作实验中，学生可以相互帮助和支持，共同完成实验，并及时交流和分享实验结果，从而更好地理解实验原理和加深对物理学知识的理解。

讨论式教学中，教师提出一个问题或者主题，让学生进行讨论和交流，从而共同探讨问题。这种教学方法可以激发学生的思考和探索精神，增强学生的交流能力和表达能力，提高学生的学习效果[22]。在讨论式教学中，学生可以表达自己的观点和看法，同时也可以听取其他同学的看法和建议，从而更好地理解物理学知识和加深对物理实验原理的理解。

五、提高教学质量和效率

新型教学方法中的虚拟实验是一种基于计算机技术和多媒体技术的模拟实验，学生可以通过计算机软件或在线平台进行虚拟实验，模拟真实的实验场景，完成实验设计、数据采集、数据分析等操作。虚拟实验具有实验资源节省、操作安全、数据精确、时间灵活等优点。同时，虚拟实验还可以展现一些在真实实验中难以观测到的现象，如微观结构、非可见光谱等，从而帮助学生更好地理解和掌握实验原理。

学生可以通过互联网远程操作实验设备，完成实验操作和数据采集。与传统实验相比，远程实验具有资源共享、设备利用率高、实验结果可重复性高等优点。远程实验还可以进行跨地区、跨学科的合作，促进教学和科研的交流和合作。

　　除了虚拟实验和远程实验，新型教学方法中还可以使用多种其他的技术手段来提高教学质量和效率。例如，可以采用智能化教学系统、自适应学习系统、在线测验系统等，通过智能化的评估和反馈机制，帮助学生及时发现和解决问题，提高学习效果。同时，这些系统还可以为教师提供数据支持和决策参考，提高教学质量和效率。

第三章
大学物理实验教学内容的拓展与创新

第一节　实验室基础训练的开展与教学重点

大学物理实验室基础训练是指在大学物理教育中，对学生进行实验室基础技能的培训和训练。该训练旨在让学生通过实验操作，学习物理理论知识，培养实验设计和实验操作能力，加深对物理实验的理解和认识[23]。通常，大学物理实验室基础训练会包括实验前的准备工作，如实验原理和装置的了解、实验操作的安全知识等。在实验过程中，学生需要独立完成实验装置的搭建和实验操作，并记录实验数据和现象。实验后，学生需要对实验结果进行分析和总结，并撰写实验报告。

一、实验室基础训练的重要性和意义

大学物理实验室基础训练对学生的物理素养、实验能力和创新能力的培养有着重要的意义。

第一，大学物理实验室基础训练可以帮助学生理解和巩固理论知识。通过实验，学生可以直观地观察物理现象，验证理论公式，加深对物理原理的理解。在实验过程中，学生需要自己设计实验方案、分析数据和总结结论，这样可以使学生更加深入地掌握物理知识。

第二，大学物理实验室基础训练可以提高学生的实验技能和创新能力。大学物理实验室基础训练可以帮助学生掌握实验技能和经验，包括实验装置的设置，实验数据的采集、处理和分析，以及实验误差和不确定度的估计和分析等。这些技能和经验是在理论课堂上无法获得的，而且对于从事物理研究或工程技术的学生来说都是必备的。

第三，大学物理实验室基础训练可以培养学生的团队合作精神。在实验中，学生通常需要组成小组，协同完成实验任务，并进行实验数据的交流和分析。这可以让学生更好地理解合作与协作的重要性，并提高他们的团队合作和沟通能力。

第四，大学物理实验室基础训练可以培养学生掌握科学研究方法和提高科学

思维能力。在实验中，学生需要掌握系统性、规范性和精确性等科学方法，同时需要注重实验数据的准确性和可重复性，这对于日后从事科研和工程技术工作的学生来说非常重要。

二、如何有效地组织和开展实验室基础训练

（一）制定详细的实验计划和安全规程

制定详细的实验计划和安全规程是组织和开展大学物理实验室基础训练的重要步骤。首先，实验计划应包括实验目的、内容、步骤、预期结果以及所需仪器和材料清单等信息。其次，安全规程应考虑到实验过程中可能出现的危险情况，如火灾、电击、化学品泄漏等，并规定相应的安全措施和紧急处理方法。安全规程还应明确实验室规定，如实验室内禁止吃东西、奔跑等行为，以及操作规程，如如何正确穿戴实验室服装和个人防护设备等。最后，实验计划和安全规程应向参与实验的学生进行充分的宣传和培训，确保他们理解并遵守规程，保证实验室的安全和有效开展实验。

（二）强调实验技能和操作方法

第一，实验技能和操作方法的讲解和演示是实验室基础训练中必不可少的一环。教师应向学生详细介绍实验步骤、实验器材的名称和功能、操作要点等内容，以确保学生在实验中能够正确操作。同时，教师还应进行操作演示，让学生能够亲眼看到实验的正确操作方法，避免出现因误操作而导致实验失败的情况。

第二，实验器材的使用方法介绍也是非常重要的。教师应向学生介绍实验器材的使用方法，包括如何正确搭建、连接、调节、使用和维护等，以确保学生在实验中能够熟练掌握使用各种器材的技巧和方法。

第三，教师还应向学生解释实验中可能出现的问题，以帮助学生了解实验过程中可能出现的困难和疑惑，并给出相应的解决方案，以避免出现因无法解决问题而导致实验失败的情况。

第四，教师还需要在学生实验过程中及时纠正学生的不规范操作。如果学生出现不规范操作，教师应立即进行指导和纠正，以保证实验过程中的安全性和可靠性，并避免因学生不规范操作而产生的误差和偏差。

（三）强化实验数据处理和分析能力

实验数据处理和分析是实验室基础训练中不可或缺的重要环节。实验数据记录的正确性和完整性直接关系到实验结果的可靠性和科学性，因此，教师应该引导学生如何正确记录实验数据。

正确记录实验数据要求学生要在实验中认真观察、准确记录，确保实验数据

的准确性和完整性。教师可以指导学生使用标准化的数据记录表格，记录实验条件、实验方法和实验结果等相关信息。同时，学生还需要学会使用适当的单位和精度来描述实验结果，确保实验数据的可比性和分析的准确性。

在实验数据记录完成后，教师应该指导学生如何进行数据处理和分析。数据处理和分析的目的是将实验数据转化为有意义的信息，从而得出实验结论。在数据处理和分析过程中，学生需要掌握各种数据处理和分析方法的基本原理和应用技能，如统计学方法、图表分析、回归分析等。通过学习这些方法，学生可以更加准确地解释实验结果并得出结论。

最后，教师应该帮助学生理解实验结果的意义和应用。学生需要了解实验结果与实际应用的关系，了解实验结果在科学研究和工程应用中的重要性和价值。教师可以通过实例、案例等方式来帮助学生理解实验结果的实际应用，从而增强学生对实验的兴趣和探究的动力。

（四）培养学生独立思考和创新能力

实验室基础训练是学生学习科学的重要环节，而培养学生独立思考和创新能力是当今社会高等教育的重要任务之一。因此，在实验室基础训练中，教师应该注重引导学生独立思考和创新能力的培养，以满足社会对高素质人才的需求。

教师可以通过设计一些有挑战性的实验项目来鼓励学生主动探索和自主学习。这些实验项目应该具有一定的难度和挑战性，可以让学生多动脑，思考解决问题的方法和途径。同时，这些实验项目还应该有一定的自由度，让学生可以在实验过程中尝试创新思路和方法，挖掘潜在的问题和解决方案。

除了设计具有挑战性的实验项目外，教师还可以采用一些授课方式来引导学生独立思考和创新能力的培养。例如，可以在课堂上引入一些探究性问题，鼓励学生积极参与讨论和思考，激发学生的思考兴趣和热情。同时，教师也可以采用小组讨论和学生展示等形式，促进学生之间的交流和合作，激发学生的创新思维和想象力。

在实验室基础训练中，教师还应该给学生足够的自由度和时间，让他们可以自主选择实验方案和研究内容，并鼓励他们在实验过程中尝试不同的方法和思路。同时，教师也应该给予学生足够的支持和指导，帮助他们克服实验中遇到的问题和困难，从而更好地完成实验项目。

（五）提供多元化的评价和反馈

在实验室基础训练中，评价和反馈是教师帮助学生提高实验技能和能力的重要手段。多元化的评价和反馈方式可以让学生更全面地了解自己的实验表现和不足之处，有针对性地加强训练，从而提高实验技能和能力[22]。

口头评价是一种常见的评价方式，教师可以在实验过程中及时对学生的表现进行评价和反馈。例如，教师可以针对学生的实验操作、实验过程中的问题和解决方案等方面进行评价和反馈，帮助学生及时纠正错误和改进不足之处，提高实验技能和能力。

书面评价是另一种常见的评价方式，教师可以要求学生在实验结束后撰写实验报告，以书面形式表达实验过程中的思考、问题和解决方案等方面的内容，并对学生的报告进行评价和反馈。通过书面评价，学生可以更深入地思考实验过程中的问题和解决方案，并获得更具体的反馈意见，有助于提高实验技能和能力。

实验报告评价是评价和反馈的另一种形式，教师可以针对学生的实验报告进行评价和反馈。例如，教师可以评价学生的实验思路、实验设计、数据处理和结果分析等方面，并给予具体的建议和改进意见，帮助学生进一步提高实验技能和能力。

除了口头评价、书面评价和实验报告评价外，教师还可以采用其他多元化的评价和反馈方式，如视频评价、小组讨论评价等，帮助学生更全面地了解自己的实验表现和不足之处，从而有针对性地加强训练。

三、实验室基础训练中的教学重点和难点

下面将从两个方面，详细论述大学物理实验室基础训练中的教学重点和难点。

（一）教学重点

1. 实验室安全

实验安全是指在进行实验时，保证实验操作者、观察者、实验设备和实验环境等各方面的安全，防止意外事故的发生，确保实验的顺利进行和人身财产安全的保障。实验安全包括物理安全、化学安全、生物安全等多个方面。实验室安全是教学重点的原因主要有以下几点。

（1）实验室安全直接关系到学生的身体健康和生命安全。在实验过程中，很多实验都存在一定的危险性，如高温、高压、有毒有害气体等。如果不注意安全，可能会发生严重的事故，给学生的身体健康和生命安全带来威胁。

（2）实验室安全是进行实验教学的前提和保障。只有保证实验室安全，才能够保证实验的正常进行，达到实验的预期目的。否则，一旦发生意外事故，不仅会影响教学进度，还可能导致实验数据的丢失，甚至导致实验无法继续进行。

（3）实验室安全是培养学生安全意识和实验操作技能的基础。实验室安全教育可以培养学生的安全意识和安全行为习惯，让学生逐渐形成正确的安全观念，使学生能够在日常生活和实验中保护自己的安全。同时，实验室安全教育也

可以提高学生的实验操作技能和实验设计能力，让学生能够更好地进行实验和数据处理。

2. 实验设计

实验设计是实验室基础训练中的教学重点之一，它是指在进行科学实验时，根据实验目的和条件，合理地设计实验方案，确定实验步骤、参数、数据处理等内容的过程。实验设计的好坏直接关系到实验结果的准确性和科学性，也关系到学生对科学研究方法和科学思维的掌握。实验设计的重要性在于以下几个方面。

（1）提高实验效率。合理的实验设计是提高实验效率的关键。首先，需要确定实验目的和研究问题，然后设计实验方案和实验流程，合理安排实验步骤和时间，选择适当的实验条件和实验材料，以及制定合理的数据采集和分析方案。同时，注意实验操作的准确性和精度，避免实验中的偏差和误差。通过科学的实验设计，可以减少实验时间和资源的浪费，提高实验效率。

（2）保证实验结果准确。科学的实验设计可以排除实验中的干扰因素，从而保证实验结果的准确性。实验设计应当考虑实验的可重复性和可比性，避免误差和偏差，选择合适的实验样本和控制组，控制实验环境和实验操作，严格按照实验流程进行操作。此外，实验数据的采集和处理也需要严格的质量控制，以确保实验结果的准确性和可靠性。

（3）发现科学问题。实验设计需要学生根据实验目的进行分析和思考，从而发现科学问题。通过实验设计，学生可以了解科学现象的本质和原理，探索问题的根源和内在机制，引导学生发现和提出科学问题，并进行探索和研究。这有助于学生逐渐形成科学思维方式，加深对科学知识的理解和掌握。

（4）培养科学思维。实验设计需要学生具备科学思维能力，包括观察、提问、实验和推理等。通过实验设计的实践，学生可以逐渐培养这些能力。首先，学生需要观察和描述实验现象，发现规律和变化；其次，学生需要提出科学问题，并进行实验设计和实验操作，探索问题的本质和原理；最后，学生需要进行数据分析和推理，得出科学结论和支持依据。这有助于学生在实践中逐渐培养科学思维方式，加深对科学知识的理解和掌握。

3. 数据分析

实验数据分析是指对实验数据进行收集、整理、处理、分析和解释的过程。实验数据分析通常包括以下步骤。

（1）数据收集。数据收集是实验研究中非常重要的一步，它可以通过各种方式获得，如观察、测量、记录、问卷调查、实验测试等方式。在数据收集过程中，需要注意数据的来源和采集方式，以确保数据的准确性和可靠性。

（2）数据整理。数据整理是对数据进行排序、分类、编码、标记等操作，使其易于处理和分析。这个步骤通常涉及数据的转录、格式化和存储，以确保数据的一致性和易读性。在数据整理过程中，还需要检查数据的完整性和准确性，识别并纠正错误和异常值。

（3）数据处理。数据处理是对数据进行清理、筛选、转换、插值、平滑、归一化等操作，以确保数据的准确性和可靠性。这个步骤通常涉及数据的预处理、特征提取和降维等操作，以使数据适合进行统计分析和机器学习。

（4）数据分析。数据分析是通过统计分析、概率分布、假设检验、回归分析等方法，对数据进行解释、验证、推断和预测。在数据分析过程中，需要根据问题的需要选择合适的分析方法，并解释结果，得出结论。数据分析的结果可以用于优化产品设计、改进业务流程、预测市场趋势等。

（5）结果解释。结果解释是根据数据分析的结果，得出结论，解释实验现象，验证或否定假设，提出建议或改进。在结果解释中，需要考虑数据的局限性和不确定性，并提供合理的解释和推断。结果解释的质量直接影响到实验研究的有效性和可靠性，因此需要仔细考虑每个步骤的质量和可靠性。

实验数据分析是大学物理实验教学的重点之一，这是因为它涉及实验数据的采集、整理、处理和分析，是实验结果的重要依据。

（1）实验数据分析是实验的核心。实验教学的核心是让学生在实验中掌握物理学原理，并通过实验验证和加深对原理的理解。而实验数据分析则是实验结果的重要依据。只有通过对实验数据进行准确可靠的分析，才能得到有意义的实验结果，进而实现对物理学原理的验证和理解。

（2）实验数据分析是科研和工程应用的重要技能。在科研和工程应用中，数据处理和分析是必不可少的。而大学物理实验则是学生接触科研和工程应用的重要途径之一。通过实验数据分析的学习，学生不仅可以培养其数据处理和分析的能力，也可以为日后的科研和工程应用打下基础。

（3）实验数据分析可以培养科学思维。实验数据分析要求学生进行观察、分析、推理和解释，这些过程可以帮助学生培养科学思维。通过实验数据分析，学生可以更加深入地理解物理学原理和实验现象，提高其对实验结果的理解和解释能力，进而培养其科学思维能力。

（4）实验数据分析可以促进团队合作。实验数据分析通常需要学生之间相互合作、交流和讨论，促进了团队合作和沟通能力的培养。在实验数据分析的过程中，学生需要分享实验数据、讨论数据处理和分析的方法等，这些过程可以促进学生之间的互动和合作，提高其团队合作和沟通能力。

4. 实验报告

实验报告是对学生实验操作、数据处理和结果分析的全面评估，也是对学生实验技能和科学素养的考核。以下是实验报告的一般撰写过程。

（1）标题页。报告的第一页应该包括实验名称、课程名称、学生姓名、指导教师、实验日期等基本信息。

（2）摘要。摘要是实验报告的核心部分，应包括实验目的、实验方法、实验结果、结论等内容，让读者能够快速了解实验的主要内容和结果。

（3）引言。引言应该说明实验的背景和目的，并简述相关理论知识，介绍实验的重要性和意义。

（4）实验设计。实验设计部分应该详细描述实验的具体步骤和操作过程，包括实验器材、实验条件、实验步骤等内容。

（5）实验结果。实验结果部分应该列出实验数据，并进行必要的统计分析和图表展示。需要注明数据的来源、单位、误差等信息，以保证数据的可信度和准确性。

（6）讨论与结论。讨论部分应该对实验结果进行分析和解释，探讨可能存在的误差来源和改进方法等内容；结论部分应该总结实验的主要结果，回答实验目的和问题。

（7）参考文献。参考文献部分应列出实验所依据的文献和引用的资料，遵循相应的引用格式和规范。

（二）教学难点

1. 实验设备的使用

实验设备的使用是大学物理实验教学中的重要组成部分。对于初学者来说，使用实验设备可能会遇到很多难题，因此实验室基础训练中的教学难点之一就是学生对实验设备的使用问题。

（1）多样性和复杂性。实验设备的种类很多，每个设备的使用方法和操作步骤都不相同，学生需要花费大量时间去学习和熟悉每种设备的使用方法。

（2）安全性。一些实验设备的操作需要高度的安全性，一旦学生使用不当，可能会导致严重的后果，如触电、火灾、爆炸等。因此，教师需要花费更多的时间和精力来教导学生如何正确、安全地使用设备。

（3）知识储备。使用实验设备需要学生具备相关的物理知识和实验方法，因此，如果学生对物理知识缺乏理解，他们就会遇到更多的困难，导致操作失误和实验结果不准确。

（4）技能训练。使用实验设备需要学生具备良好的技能，如测量、调整、精确控制等。因此，教师需要花费更多的时间和精力来培养学生的技能和实践能力。

2. 实验数据的处理

在大学物理实验教学中，实验数据处理是一个重要的环节，它涉及数据收集、数据处理、数据分析、结果判断等多个方面。然而，学生通常缺乏实验数据处理的经验和技能，这往往成为实验室基础训练中的教学难点。

（1）数据处理技能缺乏。学生可能没有掌握基本的数据处理技能，如数据图形化、数据统计和数据分析。这些技能是处理实验数据的基础，如果学生缺乏这些技能，将很难有效地处理数据。

（2）实验误差难以估计。实验误差是实验数据中不可避免的部分，然而，学生通常很难准确地估计误差。如果学生不能正确地估计实验误差，那么他们的实验数据处理结果将不准确。

（3）数据分析复杂。在一些实验中，数据分析可能比较复杂，需要学生具备深入的物理知识和数学技能。如果学生缺乏这些知识和技能，他们将很难理解和分析实验数据。

（4）缺乏实践经验。实验室基础训练通常是学生首次接触实验数据处理，因此他们可能没有足够的实践经验。实践经验可以帮助学生更好地理解和处理实验数据。

3. 实验过程的掌控

对于学生来说，掌握实验过程是一个非常具有挑战性的任务，这也成为实验室基础训练中的教学难点，有以下几个方面的原因。

（1）缺乏实验经验。很多学生在进入大学时并没有接触过复杂的物理实验，因此他们缺乏实验经验。这种情况下，学生可能会感到不知所措，不知道如何进行实验操作，或者如何处理实验数据。这就需要教师在实验室基础训练中花费更多的时间来讲解实验原理和操作技巧，以帮助学生更好地掌握实验过程。

（2）实验设备不熟悉。在实验室中，学生可能会遇到一些复杂的实验设备，而这些设备对于他们来说是陌生的。这可能会导致学生在实验中感到不适应或者不熟悉。这就需要教师在实验室基础训练中帮助学生熟悉实验设备，让他们更加自信地进行实验操作。

（3）实验过程的复杂性。实验过程涉及许多细节和步骤，如实验仪器的设置、数据采集、数据处理等，这些步骤的熟练程度直接影响实验结果的准确性和可信度。对于初学者来说，这些步骤可能会比较复杂和烦琐，需要花费一定的时间和精力去掌握。

（4）实验中的误差和干扰。在实验中，许多因素都可能对实验结果产生影响，如实验仪器的精度、环境条件的变化等。学生需要能够辨别这些误差和干扰因素，并采取相应的措施进行减少和控制，以保证实验结果的准确性和可重复性。

四、解决方法和应对策略

大学物理实验教学中，针对实验室基础训练的教学重点和难点，本部分给出具体的教学解决方法和策略。

（一）教学重点的解决方法和应对策略

1. 实验室安全

在大学物理实验教学中，实验室安全问题应该得到充分的重视和关注。教师和学生需要共同努力，制定有效的安全策略和措施，确保实验室的安全运行。

（1）提供充分的安全培训。在进行实验前，应向学生提供充分的安全培训，包括实验室的安全规定、使用实验室设备的方法、急救处理等。学生必须理解实验室安全的重要性和操作规程，知道如何防范事故并在事故发生时进行正确的处理。

（2）提供必要的安全设备。在实验室中，应配备必要的安全设备，如防护眼镜、手套、防护服、耳塞等。这些设备能够有效地降低事故的发生概率和危害程度。

（3）维护实验室设备和设施。实验室设备和设施的维护和检修对实验室安全至关重要。设备和设施的损坏或磨损可能导致事故的发生，因此需要定期检查和维护，及时修复。

（4）严格的实验室管理制度。严格的实验室管理制度能够有效地降低事故的发生概率和危害程度。例如，规定只有经过培训和授权的人员可以进入实验室，并限制进入实验室的人数和时间；要求学生在实验前进行检查和备案，并保证实验室中有足够的人员进行监督和帮助等。

（5）紧急预案和应急处理。在实验室中可能发生意外事故，需要及时处理。因此，需要制定紧急预案，明确教师和学生在发生事故时应该怎么做，如何报警求救、如何进行急救处理等。在事故发生后，应立即启动应急处理程序，对伤员进行紧急救治，并及时报告上级领导和有关部门。

2. 实验设计

实验设计是大学物理实验教学的核心内容之一，一个好的实验设计能够帮助学生深入理解物理原理、培养实验能力和科学思维，因此实验设计的问题解决是非常重要的。以下是解决实验设计问题的一些方法和策略。

（1）明确实验目的。实验目的是确定实验的目标和意义，应该与教学目标相符合。在明确实验目的时，需要考虑实验的难度和时间，以及学生的学习能力和实验经验。实验目的应该能够帮助学生深入理解物理原理，提高他们的实验技能，激发他们的科学兴趣和探索精神。

（2）了解实验条件。在实验设计过程中，需要考虑实验条件，包括实验设备、实验材料、实验环境等因素。这些因素会影响实验结果的准确性和可靠性，因此需要提前了解实验条件并进行预处理。实验条件应该符合实验目的和实验方法的要求，同时要保证实验过程的安全性和实验数据的可重复性。

（3）选择合适的实验方法。不同的实验方法适用于不同的实验目的和实验条件。在实验设计过程中，需要根据实验目的和实验条件，选择合适的实验方法，包括定量实验、定性实验、对比实验、观察实验等。实验方法应该能够满足实验目的的要求，同时具有可行性和可重复性。

（4）制定实验步骤。在确定实验方法后，需要制定实验步骤，详细描述实验过程中需要进行的步骤、实验顺序、实验时间等，并考虑可能出现的问题和解决方法。实验步骤应该清晰明了，能够保证实验数据的可靠性和准确性，同时要注重实验过程的安全性和实验室卫生。在制定实验步骤时，需要充分考虑学生的实验经验和实验能力，保证实验过程的顺利进行。

（5）设计实验方案。实验方案的设计是实验教学的重要环节之一。在设计实验方案时，需要明确实验的目的和教学要求，确定实验的具体内容和步骤，并制定实验时间和数据采集、分析方法。同时还需要考虑实验的难度和安全性等因素，以确保实验能够顺利进行。在设计实验方案时，需要充分考虑学生的实际情况和能力水平，以便能够针对不同的学生制定相应的实验方案。

（6）检查实验方案。检查实验方案是为了确保实验方案能够达到预期的实验目的和教学效果，并考虑可能出现的问题和解决方法。在检查实验方案时，需要对实验的目的、内容、步骤、时间和安全性等方面进行全面的评估和分析，以确定实验方案的可行性和有效性。如果发现实验方案存在问题，需要及时进行调整和改进，以确保实验能够顺利进行并达到预期的教学目的。

（7）改进实验方案。改进实验方案是为了解决在实验设计和检查过程中发现的问题，以确保实验能够顺利进行并达到预期的教学目的。改进实验方案需要根据实验目的和教学要求，对实验的内容、步骤、时间和数据采集、分析方法等方面进行调整和改进，以提高实验的有效性和实用性。同时还需要充分考虑学生的实际情况和能力水平，以便能够制定适合不同学生的实验方案。改进实验方案需要不断进行实践和反思，以提高实验的质量和效果。

3. 数据分析

实验数据分析是大学物理实验教学中的一个关键环节，通过分析实验数据可以得到实验结果并验证理论，以下是一些提升学生实验数据分析能力的方法策略，以帮助其更好地完成实验数据分析。

（1）充分了解实验原理和操作方法。在进行实验数据分析之前，需要充分了解实验原理和操作方法，以确保数据分析的正确性和可靠性。如果对实验原理和操作方法不熟悉，建议在进行数据分析之前回顾实验原理和操作方法，或者咨询实验指导教师，以确保对实验数据的理解和分析正确无误。

（2）仔细检查数据质量。在进行实验数据分析之前，需要仔细检查数据质量，以确保数据的准确性和可靠性。需要检查数据是否有误，如是否有漏测数据、误测数据等。如果发现数据有误，需要及时纠正或重新采集数据，以确保数据分析的准确性。

（3）合理选择分析方法。选择合适的数据分析方法是确保实验结果准确性和可靠性的关键步骤。要根据实验数据的特点和实验目的，选择适合的分析方法，如统计分析、回归分析、聚类分析等。如果不确定哪种方法最合适，可以咨询实验指导教师或查阅相关文献，以确保选择的分析方法是可靠和有效的。

（4）注意数据处理过程中的误差来源。在数据处理过程中，需要注意误差来源，如仪器误差、人为误差等，以确保数据分析的准确性和可靠性。需要考虑误差的来源和大小，并采取相应的措施来减小误差对分析结果的影响。

（5）做好数据可视化。数据可视化是实验数据分析的一个重要环节，可以更直观地展示数据和分析结果。需要选择合适的图表类型和参数，以清晰地展示实验结果和分析过程。例如，可以使用折线图、柱状图、散点图等进行数据可视化。

（6）认真总结和分析实验结果。在完成数据分析后，需要认真总结和分析实验结果，以得出结论并验证理论。需要考虑实验结果的可靠性和误差范围，并结合实验原理进行深入分析和讨论。在分析实验结果时，应该尽可能避免主观偏见，并通过多种方法和角度来验证结论的正确性和可靠性。

4. 实验报告

实验报告是实验教学的重要组成部分，撰写实验报告有助于学生更好地理解实验原理和实验过程，并提高实验能力和科学素养。以下是一些撰写实验报告的详细方法和策略。

（1）确定报告结构。确定报告结构是撰写实验报告的第一步，通过确定报告各部分的顺序和内容，可以使实验报告条理清晰、逻辑严密、易于理解。实验报告通常包括标题页、摘要、引言、实验方法、实验结果和分析、结论、参考文献等部分。在撰写实验报告时，应根据实验的具体情况，适当增减报告部分，以满足实验的要求。

（2）编写标题页。标题页是实验报告的首要部分，它应包括实验名称、实验日期、学生姓名、指导教师、实验目的等信息。在标题页上应注明报告提交日期和报告总字数。标题页的编写应简洁明了，突出实验的主要内容和目的，具有较强的概括性和准确性。

（3）撰写摘要。摘要是实验报告的重要部分，它应简要概述实验的目的、方法、结果和结论。摘要通常在实验报告的开头位置，应注意简明扼要，措辞准确，具有较强的概括性和准确性。摘要的主要作用是让读者快速了解实验的主要内容和结果，以便决定是否进一步阅读全文。

（4）写引言。引言是实验报告的重要部分，它主要介绍实验背景、研究意义、相关文献综述等。引言应该简洁明了，阐明实验的重要性和目的，激发读者的兴趣。引言的撰写应注意避免过于冗长，重点突出实验的主要内容和意义，同时注意引用相关文献，说明研究现状和研究进展。

（5）描述实验方法。在实验方法部分，需要详细描述实验的具体步骤、实验装置和操作等。应该注意提供足够的细节和图表以支持读者理解实验流程。在撰写实验方法时，应该清晰明了地表述实验操作的每个细节，如温度、时间、压力等参数，并给出合适的单位和测量精度。此外，还应该提供实验装置和设备的图片或示意图，以便读者更好地理解实验流程和结果。

（6）呈现实验结果和分析。实验结果和分析部分是实验报告的核心内容。在此部分中，需要将实验数据和图表呈现出来，并对实验结果进行解释。对于不同实验的情况，对数据的处理和分析方法也会有所不同。一般情况下，需要对实验数据进行处理，如计算平均值、标准差、误差等，以及绘制数据图表。在解释实验结果时，需要注意阐明实验结果与实验假设的关系，解释可能存在的误差来源，以及提供可能的改进方法等。

（7）给出结论。结论是实验报告的结尾部分，主要总结实验结果、回答实验问题和达成实验目的。在给出结论时，应该简明扼要地概括实验的主要结果，并在此基础上得出结论。结论应该明确、准确、简洁，并避免涉及未经实验验证的结论或假设。同时，还应该提出实验的不足之处和可能的改进方法，以便读者更好地理解实验结果和提高实验质量。

（二）教学难点的解决方法和应对策略

1. 实验设备的使用

在大学物理实验教学中，学生对实验设备的使用是一个重要的环节，也是一个较难解决的问题。以下是几种解决办法及策略。

（1）预习环节。在实验开始之前，通过预习材料，包括视频、文本等形式，向学生介绍实验设备的使用方法和操作步骤，同时介绍设备的结构和原理，让学生对实验设备有一个初步的了解。这样可以有效提高学生使用设备的熟练程度和操作的准确性。

（2）分组实验。在实验环节中，可以将学生分组进行实验，每个小组可以由三到五个学生组成。每个小组可以有一位组长，负责指导组内成员使用实验设备。这样可以有效减少学生的使用时间，同时可以提高学生的实验合作能力。

（3）设备培训。在实验课程之前，可以设立实验设备培训课程，由专业老师对学生进行设备使用培训，包括设备的基本结构、使用注意事项、常见问题解决方法等。这样可以提高学生对实验设备的认识和掌握能力，有效降低操作设备时的错误率。

（4）实验示范。在实验环节中，可以让教师进行实验示范，对学生进行直接的操作演示，使学生可以清楚地了解实验设备的使用方法和操作步骤。同时，学生可以借此机会了解到实验的操作流程，减少实验出错的概率。

（5）精心准备。在实验设备准备过程中，可以事先准备好实验所需的材料和工具，避免在实验进行中出现找不到工具、材料等问题，从而减少学生不必要的时间和精力浪费。

2. 实验数据的处理

实验数据处理在大学物理实验教学中是一个重要的环节，也是一个比较难的环节，因为它涉及多个方面的知识和技能。以下是一些解决实验数据处理问题的办法和策略。

（1）数据处理前的准备。在进行实验之前，需要充分准备，包括研究实验原理、掌握实验操作方法、准确地安装实验仪器等。只有这样才能保证实验数据的准确性和可靠性。在实验前，需要详细研究实验原理，理解实验的目的和意义，并确保掌握实验所需的基本理论知识和实验操作技能。在准备阶段，还需要根据实验需要准备好实验器材、试剂和材料等，并检查实验设备的正常运行状态，以保证实验数据的准确性和可靠性。

（2）实验数据的采集。在进行实验时，需要注意采集数据的方法和精度。数据采集的方法要求科学严谨，尽可能避免人为误差的干扰；数据采集的精度要尽可能高，可以采用多次重复实验来提高数据的准确性。实验数据的采集应当进行规范化操作，遵循实验操作规程，尽可能减少实验误差的干扰[24]。实验数据的精度与实验数据的质量直接相关，可以通过增加样本量、控制实验条件、采用精度更高的测量仪器等方法来提高数据采集的精度。

（3）数据处理的方法。实验数据处理的方法有多种，如平均值、标准差、误差分析、回归分析等。在选择数据处理方法时，需要根据实验的具体情况和需要进行选择，同时还要注意数据处理的精度和可靠性。实验数据处理方法的选择应当符合实验数据的特点和实验研究的目的。例如，当需要研究因素之间的关系时，可以采用回归分析方法；当需要评估实验误差时，可以采用误差分析方法；当需要求出数据集的中心位置和离散程度时，可以采用平均值和标准差等方法。

（4）使用专业软件。现在有很多专业的数据处理软件，如 MATLAB、Origin、Excel 等，这些软件可以自动进行数据处理和分析，能够提高数据处理的效率和精度。在教学中可以引导学生学习使用这些软件，并进行实验数据处理的实践操作。

（5）授课方式。在实验教学中，可以采用互动式授课方式，让学生积极参与到实验数据处理的过程中，发现问题并解决问题，从而提高他们的实验数据处理能力。通过课堂互动和实验操作，可以让学生更好地理解实验原理和实验数据处理方法，同时还可以提高学生的实验技能和实验数据处理能力。

3. 实验过程的掌控

实验过程的掌控是实验教学中的一个重要难点，下面给出一些具体的解决方法和策略。

（1）明确实验目的和实验内容。在实验教学中，明确实验的目的和内容是非常重要的。通过明确实验目的，可以让学生更好地理解实验的意义和目标，从而提高他们对实验的兴趣和积极性。同时，明确实验内容也可以让学生清楚了解实验的内容范围，知道实验需要达到什么样的结果。

（2）制定详细的实验操作规程。在实验操作中，制定详细的实验操作规程非常重要。这样可以让学生清楚了解实验的操作流程，减少操作失误和安全事故的发生。实验操作规程应包括实验步骤、注意事项和安全要求等，详细地说明实验的整个操作过程，让学生能够正确地操作实验。

（3）细致的实验讲解。在实验教学中，细致的实验讲解也是非常重要的。教师应该对实验进行细致的讲解，包括实验的原理、操作方法和注意事项等。通过讲解可以帮助学生更好地理解实验的过程和结果，减少操作失误和安全事故的发生。同时，细致的讲解也可以提高学生对实验的兴趣和理解能力，从而提高实验教学的效果。

（4）灵活运用教具。在实验教学中，教师的教学方法和教具的运用都是非常关键的。通过灵活运用各种教具，可以使学生更加直观地了解实验过程和结果，从而提高学生对实验的理解和兴趣。例如，实验演示可以让学生更加清晰地了解实验过程和结果，同时也可以激发学生的好奇心和兴趣；视频教学可以让学生更好地理解实验步骤和操作技巧，同时也可以节约实验时间和资源。此外，教师还可以运用各种辅助教具，如模型、图表、PPT 等，来加深学生对实验知识的理解和记忆，从而提高实验教学的效果。

（5）积极引导学生。在实验教学中，教师的角色不仅仅是传授知识，更重要的是引导学生主动学习和探究。教师应该积极引导学生，在实验过程中帮助他们解决问题和困难，同时也要及时纠正他们的错误，让他们养成正确的实验习惯和态度。在引导学生的过程中，教师可以采用提问式教学、启发式教学等方式，让学生更深入地理解实验原理和方法，同时也可以激发学生的学习兴趣和热情。

（6）强调实验思维。在实验教学中，教师应该强调实验思维，让学生能够从实验中学习到科学的思维方法和过程。实验思维是指在实验过程中，学生通过观察、探究、实验和总结等方式，从实践中发现问题、分析问题、解决问题的思维方式。通过强调实验思维，教师可以培养学生的科学素养和实验能力，让他们更好地理解和掌握实验过程。同时，实验思维也是科学研究和实践中必不可少的思维方法，培养实验思维可以为学生未来的科研和工作打下坚实的基础。

第二节　实验内容的创新与开发

一、创新和开发更具吸引力和实用性的实验内容

（一）教学目标的明确和具体化

在创新和开发实验内容时，首先要明确教学目标，并将其具体化。教学目标应该与课程大纲和教学计划相一致，以确保实验内容与理论课程的紧密联系。教学目标可以分为基本目标和拓展目标，基本目标是学生必须掌握的知识和技能，拓展目标则是进一步提高学生的理解和应用能力。

1. 明确教学目标

在教学过程中，首先需要明确教学目标，以确保教学活动符合教学计划和课程大纲。教学目标应该明确学生需要掌握的知识和技能，以及他们需要达到的学习效果。这将有助于指导教学活动的开展，并使学生更加专注于实现目标。

2. 具体化教学目标

一旦教学目标明确，就需要将其具体化，以便学生能够理解和完成所需的任务。具体化教学目标可以使学生更容易理解和记忆所需的知识和技能。教师应该将抽象的目标转化为具体的任务和指令，以便学生能够理解和完成这些任务。

3. 基本目标和拓展目标

教学目标可以分为基本目标和拓展目标。基本目标是学生必须掌握的知识和技能，通常包括实验的核心内容。拓展目标是进一步提高学生的理解和应用能力，通常包括一些额外的任务或问题，以帮助学生深入理解实验内容。基本目标和拓展目标的结合可以使学生更全面地掌握所学知识和技能。

4. 实验内容与理论课程的联系

教学目标的具体化应该与实验内容的设计紧密结合，以确保实验内容能够帮助学生实现目标。实验内容应该与理论课程相结合，以便学生能够更好地理解和应用所学的知识。这将有助于学生将理论知识转化为实际应用能力，并提高他们的综合素质。

（二）实验设计的创新和改进

实验设计是创新和开发实验内容的重要环节。为了使实验更有吸引力和实用性，我们可以从以下几个方面考虑。

1. 利用新技术和设备

利用新技术和设备可以为实验带来全新的视角和方法，提高实验的精度和效率。例如，使用计算机模拟软件可以模拟实验过程和结果，帮助学生更好地理解

和应用所学的物理学知识。此外，使用新设备和仪器可以使实验结果更加准确和可靠。

2. 引入探究式实验

探究式实验是一种让学生自主探究和发现知识的实验方式。通过引入探究式实验，学生可以更加深入地理解和应用所学的物理学知识。探究式实验通常以问题为导向，鼓励学生自主思考、实验和总结，培养学生的实验设计和科学研究能力。

3. 丰富实验内容

丰富实验内容可以从单一的实验扩展为多个实验，涵盖更广泛的物理学知识和技能。例如，可以增加有关机械、电学、热学、光学等多个领域的实验，让学生在实践中更好地掌握物理学的基础知识和技能。

4. 增加实验互动性

增加实验的互动性可以激发学生的学习热情和积极性。例如，可以组织学生分组合作完成实验，促进学生之间的互动和交流。此外，增加实验现场互动环节，如让学生亲自操作仪器、观察实验现象等，可以增强学生对实验内容的理解和记忆。

（三）实验报告的改进

实验报告是实验教学的重要环节，可以帮助学生更好地理解和应用所学的知识。为了使实验报告更具有吸引力和实用性，我们可以从以下几个方面考虑。

1. 实验报告的要求和标准

实验报告应该清晰明确地描述实验的目的、步骤、结果和结论。通常应包括标题、摘要、引言、实验方法、实验结果、结论和参考文献等部分。其中，摘要应简要概述实验的目的、方法和主要结果；引言部分应该说明实验的背景和意义；实验方法部分应详细描述实验过程中所采用的设备和方法；实验结果部分应该包括实验数据和图表，并对实验结果进行简要的分析和讨论；结论部分应该清晰地总结实验结果和主要结论；参考文献部分应列出实验所涉及的相关文献。

2. 实验报告的多样性

教师可以要求学生以不同的形式提交实验报告，以适应不同的学习风格和学科要求。例如，可以要求学生以口头形式进行实验报告，或是以演示的形式呈现实验过程和结果，或是采用传统的撰写实验报告的方式。这样可以激发学生的学习兴趣和积极性，同时也能够培养学生的不同能力，如演讲能力、写作能力、团队合作能力等[20]。

3. 实验报告的反馈

实验报告的反馈和评价是促进学生学习效果的重要环节。教师应该及时对学生的实验报告进行评分和反馈，并指出学生在实验报告中存在的问题和不足。通过这种方式，教师可以及时发现学生的学习情况和实验理解程度，并针对学生的不足之处提供有效的帮助和指导，以促进学生的学习和提高实验教学的效果。同时，学生也可以通过实验报告的反馈和评价了解自己的不足，及时调整学习策略，提高学习效果。

（四）实验应用的拓展

为了使实验内容更具有实用性，我们可以从以下几个方面拓展实验的应用。

1. 将实验与实际问题相结合

将物理实验与实际问题相结合，可以帮助学生更好地理解和应用所学的知识。这样的实验可以让学生了解物理学在现实生活中的应用，以及如何利用物理原理解决实际问题。例如，可以让学生设计一个简单的节能设备，利用物理原理来减少能源消耗。通过这样的实验，学生可以更深入地理解物理学的应用，同时也可以培养他们的创新能力和解决问题的能力。

2. 引入新领域的应用

物理学在现实生活中的应用非常广泛，可以通过引入新领域的应用来拓展实验的应用。例如，在物理实验中，可以引入物理在生物学和医学领域的应用，如探究人体内部的结构和功能原理，研究药物传输等问题。通过这样的实验，学生可以更好地理解物理学在生物学和医学领域的应用，同时也可以增强他们的跨学科应用能力。

3. 引入跨学科合作

物理学与其他学科之间有着很强的联系，可以通过引入跨学科合作来拓展实验的应用。例如，在物理实验中，可以与化学、生物、地理等学科进行合作，以探究多学科的交叉领域问题。通过这样的实验，学生可以更好地理解多学科之间的联系，培养他们的跨学科思维和合作能力，同时也可以拓展他们的知识面。这样的实验还可以激发学生的兴趣和好奇心，提高他们的学习积极性。

二、创新和开发实验内容的经典案例

在大学物理实验教学中，为了更好地吸引学生的兴趣并提高实验教学效果，可以采取以下几种方法。

（一）创新实验设计

在经典实验的基础上，利用现代科技应用，设计新颖、有趣、实用的实验内容。通过结合虚拟现实技术、大数据分析技术等，可以增强实验的互动性和趣味性，让学生更好地理解和掌握实验内容。此外，创新实验设计还可以培养学生的创新能力和实践能力，提升学生在实验中不断探索、发现、解决问题的能力。

以虚拟现实技术为例，学生可以通过戴上 VR 眼镜，进入虚拟实验室进行实验操作。这种方式不仅可以模拟真实实验，还可以消除实验过程中的安全隐患。另外，通过大数据分析技术，学生可以对实验数据进行深入的分析和探究，从而更好地理解实验结果和结论。

（二）实践教学

将实验教学与实践教学相结合，让学生亲身参与到实验过程中，通过自己的操作来获取知识。相较于传统的实验教学，实践教学更加注重学生的参与度和实践能力的培养。通过实践教学，学生不仅可以更好地理解实验知识，还可以掌握实验技能，提高实验操作的熟练度和效率。

在实践教学中，教师可以设计一些任务，要求学生在实验中完成相应的操作和数据采集，并根据实验结果进行分析和总结。同时，教师还可以引导学生在实践中发现问题，解决问题，培养学生的创新思维和实践能力。

（三）与科研结合

将实验教学与科学研究相结合，可以让学生了解和参与到前沿科学研究中，激发学生的学习热情和探索精神。在与科研结合的实验教学中，教师可以引导学生参与到科学研究项目中进行实验，让学生亲身感受科学研究的过程和意义。

与科研结合的实验教学不仅可以拓展学生的知识面，还可以培养学生的科学思维和科学素养。通过实验教学，学生可以更深入地了解科学研究的方法、过程和成果，了解科学研究的重要性和意义，同时也可以掌握科学研究的技能和方法。

在与科研结合的实验教学中，教师需要引导学生积极参与到科学研究中，了解科研项目的背景和目的，掌握实验设计的方法和技巧，积极参与到实验过程中，并对实验结果进行分析和总结。通过这种方式，学生可以逐渐掌握科学研究的方法和思维，提高自己的科学素养，为将来的科学研究打下基础。

以下是几个创新和开发实验内容的经典案例。

（一）利用激光干涉仪进行干涉实验

激光干涉仪是一种经典的物理实验装置，可以用来观察光的干涉现象。在此基础上，可以结合现代科技应用，如设计一个能够自动调节干涉仪的程序，让学生通过编程实现自动化干涉实验，增强实验的趣味性和实用性。

1. 准备激光干涉仪和相应的实验器材

激光干涉仪通常包括激光器、分束器、反射镜、透镜、光电探测器等组件。

在进行实验前，需要确保所有组件都正常工作，适当地放置和调整，以便能够产生稳定的干涉条纹。此外，还需要准备必要的实验器材，如光屏、调节螺丝、运动控制器等。

2. 编写程序

自动化程序可以使用计算机编程语言编写，例如 MATLAB、Python、LabVIEW 等。编写程序需要确定干涉仪的型号和通信协议，编写相应的控制程序和数据处理程序。程序需要包括干涉仪的初始化、干涉程度控制、干涉仪位置调整等功能。初始化程序包括打开干涉仪、设置通信参数、检查干涉仪的状态等操作。干涉程度控制程序可以根据实验要求调整干涉程度，包括调整光路差、改变相对光程差等操作。位置调整程序可以根据干涉条纹的变化调整反射镜的位置，以便产生稳定的干涉条纹。编写完程序后，需要进行测试和调试，确保程序的稳定性和正确性。

3. 安装控制设备

控制设备通常包括运动控制器、执行器等，可以通过串口、USB、以太网等方式与计算机或控制器连接。安装控制设备需要确保连接稳定，以便程序可以通过它们来控制激光干涉仪的位置和干涉程度。在安装过程中，需要注意控制设备的电源和信号接口的正确连接，设备的供电电压和电流的要求，以及接口的信号电平和速率等参数的设置。

4. 调整实验装置

这通常包括移动反射镜、调整透镜位置等操作，以便产生稳定的干涉条纹。调整实验装置需要注意以下几点：首先，需要确认实验室的环境和温度是否稳定，尤其是温度对干涉仪的影响；其次，需要选择合适的激光源和干涉仪组合，根据实验需要选择合适的波长和功率；最后，需要进行实验前的检查和测试，确保干涉仪的灵敏度和稳定性。

5. 运行程序并记录结果

运行自动化程序后，可以记录实验结果并进行分析。实验结果可以通过观察干涉条纹、测量干涉程度等方式得出。需要注意记录实验数据的准确性和可重复性，以便后续的实验分析和结果验证。记录实验数据时需要注意以下几点：首先，需要选择合适的数据记录方式，可以使用实验仪器自动记录或手动记录，或者结合两种方式。其次，需要确定记录数据的时间和频率，以确保记录到足够的数据量和信息。最后，需要对记录的数据进行处理和分析，包括计算干涉程度的值、绘制干涉条纹图像、拟合干涉曲线等操作，以便得出实验结果和结论。

（二）利用超导磁悬浮技术进行实验

超导磁悬浮技术是一种现代物理技术，可以用来制作超导磁悬浮列车等高科技产品。在物理实验教学中，可以结合这一技术，设计一个超导磁悬浮实验装置，让学生在实验中了解超导物理原理，同时也了解到超导技术的应用前景。

1. 超导磁悬浮底座

超导磁悬浮底座是一种利用超导材料在低温下表现出的超导特性来实现磁悬浮的技术。超导材料是指在超导临界温度以下（通常是液氮温度以下），电阻为零并且具有完全抗磁性的一类材料。常见的超导材料包括 YBaCuO 和 BiSrCaCuO 等。这些材料在低温下可以实现超导状态，使得它们对磁场具有很强的排斥作用。

超导磁悬浮底座通常采用超导体材料制成的圆盘或其他形状的容器，内部可以放置一些超导材料。当超导材料被冷却到低温状态时，会形成超导电流，这种电流会形成一个强磁场，从而使超导材料对磁场表现出排斥作用。这种排斥作用可以抵消磁铁的重力，从而实现磁悬浮。

2. 磁铁系统

磁铁系统是超导磁悬浮技术中的另一个关键部分，它通常由一些强磁体或电磁铁组成，用来产生一个稳定的磁场。这个磁场可以是恒定的，也可以是交变的，从而实现不同的悬浮效果。

磁铁系统的设计和制造需要考虑许多因素，如磁场强度、稳定性、形状和大小等。在实际应用中，需要根据具体的悬浮需求和工作环境来选择不同的磁铁系统。

3. 物体样品

超导磁悬浮技术可以利用磁场的排斥作用，使物体样品悬浮在磁场之上。这些物体样品可以是各种形状的小球、小车等。通过改变磁场的强度和方向，可以实现物体样品在悬浮状态下的移动。这种技术不仅可以展示超导材料的特性，还可以用于实验室的研究和教学。此外，这种技术还可以应用于悬浮显示器等领域。

4. 温度控制系统

由于超导材料只有在低温下才能表现出超导特性，因此需要一个温度控制系统来保持超导磁悬浮底座的低温状态。通常采用的制冷剂是液氮或者液氦等低温制冷剂，这些制冷剂的沸点较低，可以在常压下保持低温状态。当液氮或者液氦被加热时，它们会蒸发成气体，从而带走热量，使超导材料保持低温状态。

除了使用制冷剂外，还可以采用一些制冷机来实现温度控制。这些制冷机可以利用压缩机、膨胀阀等部件，通过循环制冷剂来降低温度。这种方法可以实现更加精准的温度控制，但通常成本较高。

（三）利用人工智能技术进行实验

人工智能技术是当前最热门的科技领域之一，在物理实验教学中也可以结合这一技术进行创新实验设计。例如，可以利用人工智能技术设计一个智能化的物理实验平台，让学生在平台上进行虚拟实验或者自主设计实验，通过机器学习算法进行数据处理和分析，从而更深入地了解物理原理和科学研究方法[25]。

1. 虚拟实验

在实验平台中，学生可以进行虚拟实验，通过模拟实验过程，加深对物理原理的理解。例如，学生可以在平台上模拟物理力学实验，观察物体在不同力的作用下的运动情况，或者模拟光学实验，观察光的传播规律等。在虚拟实验中，学生可以通过观察实验结果和数据，了解物理规律和实验方法，同时可以通过交互式的操作，自由地进行实验设计和调整，从而更好地理解实验过程和结果。

以下为一个具体的虚拟实验示例，以模拟物理力学实验为例。

步骤1：打开虚拟实验平台

学生可以在电脑或者平板上打开虚拟实验平台，例如 PhET 交互式模拟实验平台。

步骤2：选择物理力学实验

在平台中选择要进行的物理力学实验，例如"斜面上的物体运动"。

步骤3：设定实验参数

在虚拟实验中，学生可以设定物体的质量、斜面的角度、斜面的摩擦系数等参数，这些参数都会影响物体的运动情况。

步骤4：开始实验

学生可以点击"开始实验"按钮，开始模拟物体在斜面上的运动情况。虚拟实验平台会根据设定的参数模拟出物体的运动轨迹和速度、加速度等数据。

步骤5：观察实验结果和数据

学生可以通过观察实验结果和数据来了解物理规律和实验方法。例如，他们可以观察物体在不同斜面角度下的运动情况，了解重力、斜面的倾角、摩擦力等因素对物体运动的影响。

步骤6：调整实验参数

学生可以自由地调整实验参数，例如改变物体的质量、斜面的角度等，来探索物体运动的变化情况。这种交互式的操作可以帮助学生更好地理解实验过程和结果。

步骤7：总结实验结果

通过观察实验结果和数据，学生可以总结物理规律和实验方法，并将其应用于更复杂的物理问题中。

2. 自主设计实验

学生可以利用实验平台进行自主设计实验，按照自己的想法和方法进行实验，并通过平台上的工具进行数据采集和处理。例如，学生可以自主设计电学实验，测量电阻、电流、电压等参数，并通过平台上的机器学习算法对数据进行处理和分析，从而得出电学规律和结论。

一个关于电学实验的示例，分步详细说明。

步骤1：确定实验目的和假设

首先，学生需要确定实验的目的和假设。例如，这个电学实验的目的是探究电阻与电流之间的关系，假设电阻与电流呈现线性关系。

步骤2：设计实验方案

基于目的和假设，学生需要设计实验方案。对于本例，学生可以通过搭建一个简单的电路来测量电阻和电流。具体来说，可以使用一个恒压电源、一个电阻和一个电流表，将电路连接起来。电流表用于测量电路中的电流，而电阻用于限制电流的大小，从而使电流表的读数更为准确。在实验中，需要通过改变电阻的大小，来探究电阻与电流之间的关系。

步骤3：收集数据

在设计好实验方案后，学生需要开始收集数据。具体来说，学生需要通过实验平台上的工具，测量电路中的电流和电阻的大小。收集数据时，应尽可能地提高数据的准确性和可靠性。

步骤4：处理数据

在收集完数据后，学生需要通过实验平台上的机器学习算法来处理数据。可以使用线性回归等算法，来探究电阻与电流之间的关系，并从数据中得出结论。例如，通过拟合线性模型，可以得到电阻与电流之间的线性关系，并计算出斜率和截距，从而确定电阻和电流之间的具体关系。

步骤5：分析结果和得出结论

最后，学生需要对数据进行分析，并得出结论。例如，通过线性回归分析，可以得出电阻与电流之间的线性关系，并得到斜率和截距的具体数值。根据这些结果，可以得出结论：电阻与电流呈现线性关系，斜率为R，截距为I_0。

3. 数据处理和分析

实验平台可以利用机器学习算法进行数据处理和分析，从而更加准确地得出实验结论。例如，学生可以利用平台上的算法对电学实验的数据进行处理，得出电学规律和结论，并通过可视化工具展示实验结果。通过这种方式，学生可以更好地理解实验结果和结论的含义，同时可以进一步探究实验背后的物理规律和科学研究方法。

一个基于机器学习算法的电学实验数据处理和分析的示例，步骤如下。

步骤1：采集数据

学生进行电学实验，使用数据采集设备采集实验数据。例如，可以使用数字万用表测量电压和电流，并记录下来。将这些数据保存在电子表格中。

步骤 2：数据预处理

数据预处理是数据分析的一个重要步骤，它有助于减少数据中的噪声和异常值，使数据更加可靠。学生可以使用平台上的算法对数据进行预处理，例如去除异常值、平滑数据和标准化数据等。

步骤 3：数据分析

学生可以使用平台上的机器学习算法对数据进行分析。例如，可以使用线性回归算法来建立电流与电压之间的关系模型，并从中得出实验结论。学生也可以使用其他机器学习算法，如聚类算法和决策树算法等，来探究数据中的其他规律和结论。

步骤 4：结果可视化

学生可以使用平台上的可视化工具将实验结果可视化，以便更好地展示和解释数据分析结果。例如，可以使用散点图和线性回归图来展示电流和电压之间的关系，并解释该关系的物理含义。学生也可以使用其他可视化工具，如热图和柱状图等，来展示其他分析结果。

（四）利用可穿戴设备进行实验

可穿戴设备是一种新型的科技产品，例如智能手环、智能眼镜等，可以用来实现健康监测、运动跟踪等功能。在物理实验教学中，可以利用这些设备进行实验，例如利用智能手环进行人体生理指标的测量和分析，让学生通过实验了解物理与生物学的交叉领域[26]。

1. 健康监测实验

利用智能手环或智能手表等可穿戴设备，可以对人体生理指标进行测量和分析，例如心率、血压、血氧、呼吸频率等。教师可以设计实验，让学生利用这些设备进行生理指标的测量，并将数据收集和分析整理，让学生了解生理指标与健康状况的关系。

一个利用智能手环或智能手表进行健康监测实验的具体示例，共分为以下几个步骤。

步骤 1：实验设计

教师需要设计一个具体的实验方案，包括实验的目的、实验的流程、使用的设备和测量的生理指标等。

例如，实验目的可以是让学生了解日常生活中的运动、饮食和睡眠等因素对人体生理指标的影响，实验流程可以包括三天的数据收集和分析，使用的设备可以是智能手环或智能手表，测量的生理指标可以包括心率、步数、睡眠质量等。

步骤 2：设备使用

教师需要向学生介绍智能手环或智能手表的使用方法，包括如何佩戴、如何开启测量功能、如何同步数据等。

同时，教师需要提醒学生在佩戴设备的过程中要注意安全和舒适性，避免过度运动或佩戴不当导致不适或伤害。

步骤3：数据收集和分析

学生需要在实验期间佩戴智能手环或智能手表，并按照实验方案要求进行数据收集和记录。

例如，学生可以记录每天的步数、运动时间、心率变化、睡眠时长和质量等指标，并结合日常的饮食和睡眠情况，进行数据分析和总结。

步骤4：报告撰写

学生需要根据实验结果撰写一份完整的报告，包括实验的目的、实验的流程、数据的收集和分析、结论和建议等。

例如，学生可以通过实验发现自己的运动量和睡眠质量与心率和血压等指标有一定的关系，提出一些改善生活习惯的建议，如增加运动时间、改善饮食、保证充足的睡眠等。

2. 运动跟踪实验

利用智能手环、智能运动鞋等可穿戴设备，可以对运动数据进行实时监测和记录，例如步数、运动时间、跑步距离等等。教师可以设计实验，让学生利用这些设备进行运动数据的测量，并将数据收集和分析整理，让学生了解运动的物理原理和运动对健康的影响。

一个利用智能手环、智能运动鞋等可穿戴设备进行运动跟踪实验的具体示例，共分为以下几个步骤。

步骤1：实验设计

教师需要设计一个具体的实验方案，包括实验的目的、实验的流程、使用的设备和测量的运动数据等。

例如，实验目的可以是让学生了解不同运动方式对身体的影响，实验流程可以包括三天的数据收集和分析，使用的设备可以是智能手环或智能运动鞋，测量的运动数据可以包括步数、运动时间、跑步距离等。

步骤2：设备使用

教师需要向学生介绍智能手环或智能运动鞋的使用方法，包括如何佩戴、如何开启运动跟踪功能、如何同步数据等。

同时，教师需要提醒学生在进行运动时要注意安全和适度，避免过度运动或不当操作导致不适或伤害。

步骤3：数据收集和分析

学生需要在实验期间佩戴智能手环或智能运动鞋，并按照实验方案要求进行运动数据的收集和记录。

例如，学生可以记录每天的步数、运动时间、跑步距离等指标，并结合自己的身体感受和心率变化等数据，进行数据分析和总结。

步骤4：报告撰写

学生需要根据实验结果撰写一份完整的报告，包括实验的目的、实验的流程、数据的收集和分析、结论和建议等。

例如，学生可以通过实验发现自己的运动量和运动方式与身体的状态和健康状况有一定的关系，提出一些改善健康的建议，如增加运动时间、改善饮食、注意保持适度的运动等。

3. 实时数据监测实验

利用智能眼镜等可穿戴设备，可以实时监测和记录环境数据，例如温度、湿度、光照强度等等。教师可以设计实验，让学生利用这些设备进行环境数据的测量，并将数据收集和分析整理，让学生了解环境数据与物理原理的关系。

一个利用智能眼镜等可穿戴设备进行实时数据监测实验的具体示例，共分为以下几个步骤：

步骤1：实验设计

教师需要设计一个具体的实验方案，包括实验的目的、实验的流程、使用的设备和监测的环境数据等。

例如，实验目的可以是让学生了解不同环境条件下温度、湿度、光照强度等环境数据的变化规律，实验流程可以包括三天的实时数据监测和分析，使用的设备可以是智能眼镜，监测的环境数据可以包括温度、湿度、光照强度等指标。

步骤2：设备使用

教师需要向学生介绍智能眼镜的使用方法，包括如何佩戴、如何开启实时数据监测功能、如何同步数据等。

同时，教师需要提醒学生在进行实时数据监测时要注意安全和适度，避免过度监测或不当操作导致不适或伤害。

步骤3：实时数据监测和记录

学生需要在实验期间佩戴智能眼镜，并按照实验方案要求进行实时环境数据的监测和记录。

例如，学生可以记录每个小时的温度、湿度、光照强度等指标，并结合自己的环境感受和时间变化等数据，进行数据分析和总结。

步骤4：报告撰写

学生需要根据实时数据监测和分析结果撰写一份完整的报告，包括实验的目的、实验的流程、数据的监测和分析、结论和建议等。

例如，学生可以通过实验发现不同环境条件下温度、湿度、光照强度等环境数据的变化规律，并提出一些改善环境的建议，如增加通风、控制室内温湿度、改变照明等。

以上这些案例都是在传统物理实验的基础上，结合现代科技应用进行创新和开发的。通过这些创新，可以增强物理实验的吸引力和实用性，让学生更深入地了解物理学科，激发学生的学习热情和科学探索精神。

第三节　实验设计的要求

一、实验设计的基本原则和要求

一个好的实验设计能够激发学生的学习兴趣，提高学习效果，同时也能够培养学生的实验操作能力和科学精神。下面是实验设计的基本原则和要求。

（一）目的明确

在大学物理实验中，实验设计的首要任务是明确实验的目的和意义。这是因为明确的实验目的能够帮助实验者更加清晰地了解实验的研究问题、探究问题的方法以及实验的意义和价值，从而有效地提高实验设计的质量和效果。

在明确实验目的时，需要具有一定的针对性和实践性。针对性是指实验目的应该明确地指出实验要研究的具体问题或现象，并通过实验结果得出结论，进一步深化学生对物理原理的理解。实践性则要求实验目的应该与实际应用紧密相关，能够帮助学生更好地掌握实验技能，提高实验能力。

同时，在大学物理实验设计中，明确实验目的也有助于确保实验的可行性和可靠性。实验目的明确，能够确保实验的设计符合科学研究的原则和规律，保证实验过程的科学性和实验结果的可信度。此外，明确实验目的还能够帮助实验者更好地安排实验步骤和实验过程，提高实验的操作效率和实验数据的准确性。

（二）简单可行

简单可行是非常重要的原则，因为它有助于学生更好地掌握实验技能和理解物理原理。这意味着实验设计应该避免过于复杂的器材和方法，而是采用尽可能简单的实验器材和方法。这样做有以下几个好处：

首先，简单的实验设计使学生更容易理解实验过程和结果。如果实验设计过于复杂，学生可能会分心或失去兴趣，从而难以理解实验过程和原理。相反，简单的实验设计可以使学生更加专注于实验，更容易理解物理原理。

其次，简单的实验设计可以帮助学生更好地掌握实验技能。如果实验器材和方法过于复杂，学生可能会感到无从下手，无法顺利完成实验。相反，采用简单的实验器材和方法可以让学生更容易掌握实验技能，从而提高实验效果。

最后，实验设计应该考虑实验器材和条件的可行性。过于昂贵或难以获取的器材可能会限制实验的可行性，使实验难以完成。因此，实验设计需要考虑到实验器材和条件的可行性，以确保实验可以顺利进行并获得有效的结果。

（三）安全可靠

实验设计应该考虑到实验的安全问题，以确保学生的人身安全，同时也应该考虑实验的可靠性，以保证实验结果的准确性和可重复性。

实验设计应该避免使用危险的实验器材和方法，确保学生的人身安全。在实验前应该对实验器材和方法进行安全评估和风险评估，并且要提前告知学生实验过程中可能存在的危险和安全注意事项。如果实验涉及使用危险的物质或器材，应该使用个人防护装备，并遵循相应的安全操作规程。

实验设计应该确保实验结果的准确性和可重复性。为了保证实验结果的准确性，实验设计应该遵循科学严谨的原则，确保实验器材和方法的精度和稳定性。同时，实验设计还应该考虑到实验环境的影响，例如温度、湿度和气压等因素。为了保证实验结果的可重复性，实验设计应该充分记录实验数据和过程，并且确保实验结果可以被其他人重现和验证。

总之，实验设计应该考虑到实验的安全性和可靠性。为了确保学生的人身安全，实验设计应该避免使用危险的实验器材和方法，并且提前告知学生实验过程中可能存在的危险和安全注意事项。为了保证实验结果的准确性和可重复性，实验设计应该遵循科学严谨的原则，并且充分记录实验数据和过程。

（四）独立完成

学生独立完成实验有助于提高学生的实验操作能力和自主学习能力。独立完成实验可以让学生更好地理解实验原理和过程，促进学生的科学思维和创新能力的发展。要求学生独立完成实验，需要考虑以下几个方面。

1. 实验操作难度

如果实验过于简单，学生可能会感到无聊和缺乏动力，从而对实验失去兴趣。相反，如果实验过于复杂，学生可能会遇到困难，无法完成实验，从而导致挫败感和自信心下降。因此，实验的操作难度应该恰到好处，既不过于简单，也不过于复杂。

2. 实验指导书

实验指导书是实验教学中至关重要的一部分，它需要提供清晰明了的指导，以帮助学生完成实验。指导书应该包含足够的细节和步骤，以确保学生能够准确地进行实验，并且不会漏掉任何关键步骤。此外，指导书还应该包含相关的理论知识和实验原理，以帮助学生理解实验的意义和目的。

3. 实验设备和材料

实验设备和材料的充足性和易获取性对于实验教学的成功至关重要。如果实验所需的设备和材料不足或难以获取，将会给学生的实验操作带来不必要的困难和阻碍。因此，实验室应该保持充足的库存，以确保能够满足学生的需要。此外，实验设备和材料的易获取性也很重要，因为学生可能需要在实验室之外获取它们，如果难以获取，就可能会影响实验的顺利进行。

4. 学生实验前的准备

在学生进行实验之前，应该提供充分的理论知识和实验指导，以帮助学生准备好实验所需的知识和技能。这可以通过教师的讲解、PPT 演示、视频教程等方式进行。此外，学生还应该阅读实验指导书，熟悉实验流程和注意事项，并准备好实验所需的设备和材料。

5. 学生实验后的反馈

在学生完成实验后，及时的反馈和指导非常重要，这可以帮助学生发现实验中存在的问题和错误，并加以纠正。教师可以通过实验报告、个人讨论、小组讨论等方式进行反馈。此外，教师还应该关注学生的反馈和建议，以便进一步完善实验教学和提高学生的实验操作能力和自主学习能力。

（五）适当难度

实验设计的难度应该是适当的，既不能过于简单，也不能过于困难。适当的实验难度可以激发学生的学习兴趣和探究欲望，提高学生的自主学习能力和解决问题的能力，同时也可以帮助学生更好地理解物理学的概念和原理。

过于简单的实验设计会使学生失去学习的兴趣，不能激发他们的好奇心和求知欲，也不能让他们在实践中掌握物理学的知识和技能。此外，如果实验设计过于简单，学生可能会对实验的结果产生怀疑，从而无法真正理解物理学的原理。

另外，过于困难的实验设计也会使学生望而却步，丧失信心和兴趣，无法积极主动地探究问题和学习知识。此外，过于困难的实验设计还可能导致学生在实验过程中出现错误，使实验结果不准确，从而无法达到预期的教学效果。

（六）意义深刻

实验设计的意义应该是深刻的，既要考虑实验的教育意义，也要考虑实验的实际应用价值。在大学物理实验设计中，意义深刻的实验能够帮助学生理解物理原理、培养科学精神，同时也能够让学生将所学知识应用于实际生活和工作中，从而增强他们的实际应用能力。

首先，意义深刻的实验能够帮助学生理解物理原理。物理学是一门基础科学，它的研究对象是自然界的物质、能量和运动规律。实验是物理学的重要组成部分，通过实验可以验证和证明物理原理，使学生更加深入地理解物理学的概念和原理。

其次，意义深刻的实验能够培养学生的科学精神。科学精神是一种探究和创新的精神，它是现代社会所需要的重要素质。实验设计应该能够激发学生的好奇心和求知欲，让他们在实践中不断探究问题、发现规律、总结经验，从而培养他们的科学精神。

最后，意义深刻的实验还应该考虑实验的实际应用价值。物理学是一门应用广泛的学科，许多物理原理和实验技术已经应用于生产和生活中。实验设计应该能够让学生将所学知识应用于实际生活和工作中，从而增强他们的实际应用能力。

（七）多样性和灵活性

不同的学生具有不同的学习兴趣和水平，实验设计应该能够适应不同层次和不同兴趣爱好的学生的需求。同时，实验设计也应该能够根据实际情况进行灵活调整和改进，以达到更好的教育效果。

首先，实验设计的多样性能够适应不同层次的学生的需求。大学物理实验涉及的知识和技能范围非常广泛，不同年级、不同专业的学生学习兴趣和水平也有所不同。因此，实验设计应该根据学生的年级和专业，设置不同的实验项目和难度，以满足不同层次学生的需求。

其次，实验设计的灵活性能够适应不同兴趣爱好的学生的需求。不同的学生有不同的兴趣爱好，有些学生喜欢理论分析，有些学生喜欢实际操作。因此，实验设计应该根据学生的兴趣爱好，设置不同的实验类型和实验方法，以吸引学生的兴趣，激发他们的学习热情。

最后，实验设计的灵活性还能够根据实际情况进行调整和改进。实验设计是一个不断改进的过程，教师在实施实验过程中，可以根据学生的反馈和实际情况，对实验进行灵活调整和改进。例如，在实验的难度、内容、方法、评估等方面进行改进，以达到更好的教育效果。

因此，在大学物理实验设计时，应该注重实验的多样性和灵活性，设置不同层次、不同兴趣爱好的实验项目和难度，根据实际情况进行灵活调整和改进，以提高教育效果和学生的学习兴趣。

二、实验设计应注意的问题及应对策略

（一）实验目的和研究问题的确定

实验目的是实验的核心，它指明了实验的目标和预期结果，有助于明确实验方向和重点。在确定实验目的时，需要考虑多种因素，例如研究问题的重要性、

实验的可行性、实验对相关领域的贡献等。这些因素可以帮助确定实验的目标和预期结果，从而有助于设计和实施实验。

实验目的需要具体、明确和可量化。具体指实验目的需要具体描述实验所要解决的问题或达到的目标，不能笼统或模糊不清；明确指实验目的需要表述清楚，不能存在歧义或多义性；可量化指实验目的需要有明确的量化指标或评估方法，以便在实验过程中进行评估和验证。

研究问题是实验的核心，它具有一定的理论和实践意义，同时需要具有可操作性和可解决性。在确定研究问题时，需要考虑实验所涉及的领域、实验条件和实验目的等因素。研究问题需要具体而不失广度，能够准确地描述研究的重点和范围，同时也需要与实验目的相匹配，以确保实验能够达到预期的目标。

实验目的和研究问题的确定是实验设计的基础，需要仔细思考和综合考虑多种因素，以确保实验能够有效地解决问题或达到预期的目标。

（二）实验方案和实验条件的确定

实验方案和实验条件的确定是实验设计的重要组成部分。实验方案是实验的具体设计，包括实验方法、仪器设备的选择、参数的设定和实验步骤的安排等。实验方案需要根据实验目的和研究问题来设计，以确保实验结果的有效性和可靠性。同时，实验方案需要考虑实验的可行性、实验数据的可靠性和经济性等因素。合理的实验方案有利于提高实验效率和实验质量。

实验条件是指实验环境和实验资源等方面的要求。实验条件的确定需要根据实验方案的要求来考虑。其中包括实验设备的性能、实验场地的要求、实验人员的素质等因素。实验条件需要保证实验结果的可重复性和实验数据的准确性。为了保证实验条件的稳定性和可靠性，需要对实验条件进行严格的控制和管理。

实验方案和实验条件的确定需要多方面的考虑。首先，实验方案需要根据实验目的和研究问题进行设计，以确保实验结果的有效性和可靠性；其次，实验方案需要考虑实验的可行性、实验数据的可靠性和经济性等因素；最后，实验条件需要保证实验结果的可重复性和实验数据的准确性，为此需要对实验条件进行严格的控制和管理。

（三）实验数据的采集和处理

实验数据的采集是进行科学研究的重要环节之一。在实验过程中，我们需要按照实验方案和实验条件来进行实验数据的采集。实验数据的采集需要注意数据的精度、准确性和可重复性等因素。只有这样，我们才能保证实验数据的科学性和可信度。

实验数据的采集需要记录详细的实验过程和实验结果。这样可以确保实验数据的可重复性和可验证性。在记录实验过程和实验结果时，我们需要注意记录的细节和精度。同时，我们需要选择合适的实验仪器和设备，以确保实验数据的准确性和可靠性。

实验数据的处理是将采集到的实验数据进行分析和处理，以得出结论和结论的依据。实验数据的处理需要根据研究问题和实验目的来选择合适的方法和技术。在实验数据处理的过程中，我们需要注意数据的质量和有效性。只有在数据的质量和有效性得到保证的情况下，我们才能得出具有科学性和可信度的结论。

在实验数据处理的过程中，我们需要使用合适的数据分析工具和技术。例如，我们可以使用统计分析方法、图表分析方法等来处理实验数据。同时，我们需要注意数据处理的过程中的误差和不确定性。只有在考虑到误差和不确定性的情况下，我们才能得出更加准确和可靠的结论。

（四）实验误差和精度的控制

在进行实验时，会存在各种误差和偏差，如仪器误差、人为误差等。因此需要控制误差和提高实验的精度，以保证实验结果的准确性和可靠性。常见的问题包括误差来源的分析、误差的大小和对实验结果的影响、如何控制误差和提高实验精度等[27]。

1. 误差来源的分析

误差来源是指导致实验结果与真实值之间差异的各种因素。这些因素包括但不限于仪器误差、环境因素、实验人员技术水平等。在实验设计阶段，需要对可能的误差来源进行分析和评估，以制定相应的控制措施。

为了准确地识别误差来源，我们需要进行实验方案的仔细设计，仔细考虑实验条件。在实验过程中，需要仔细记录实验过程和数据，以便后续进行误差来源的分析。在实验数据处理阶段，可以使用统计分析方法和其他数据处理技术，对误差来源进行更深入的分析。

2. 误差的大小和对实验结果的影响

误差大小通常用误差限制值来表示，即测量值与真实值之间的差异。误差越小，实验结果越接近真实值，精度越高。误差的大小对实验结果的影响取决于实验的目的和研究问题。对于一些需要高精度的实验，如物理实验和化学实验，误差的大小对结果的影响较大。

为了减少误差的大小，我们可以采取一系列措施。首先，需要选择合适的仪器设备，尽量减少仪器误差。其次，需要精细的实验设计和操作，尽量减少实验操作误差。还可以对实验操作进行多次重复，以获得更稳定和可靠的结果。最后，对实验数据进行统计分析和误差处理，提高结果的准确性和可靠性。

3. 如何控制误差和提高实验精度

选择合适的仪器设备，尽量减少仪器误差。精细的实验设计和操作，尽量减少实验操作误差。对实验操作进行多次重复，以获得更稳定和可靠的结果。对实验数据进行统计分析和误差处理，提高结果的准确性和可靠性。

（五）实验安全和环保的保障

在进行实验时，需要保证实验的安全和环保，以避免对实验人员和环境造成损害。常见的问题包括实验中可能存在的危险因素、如何做好实验安全防护措施、实验废弃物的处理方法等。

1. 预先评估危险因素

在进行实验之前，应该对实验过程中可能存在的危险因素进行评估。这包括对实验物质的危害性、实验装置的安全性、实验操作的安全性等方面进行评估。评估过程应该考虑实验人员的安全，也要考虑实验环境的安全，以及对周围环境的影响。评估结果应该被记录并通知实验人员。在评估的基础上，应该制定相应的安全操作规程，以确保实验的安全进行。

2. 实验安全防护措施

实验室中应该设置相关的安全防护措施，以减少实验中出现的安全风险。这包括应急停电开关、防爆柜、洗眼器、消防设备等。在进行实验时，实验人员应该佩戴相应的安全装备，例如防护眼镜、手套、口罩等，以防止化学品等有害物质对人体的伤害。此外，实验人员应该接受安全培训，并遵守实验室的安全操作规程，以保证实验的安全进行。

3. 废弃物的处理

实验室实验中产生的废弃物可能包括有害的化学品、有毒物质、有机溶剂、生物危险物质等。这些废弃物如果不得当处理会对环境造成严重污染和危害。因此，实验室工作者应该按照相关规定，对产生的废弃物进行分类、收集和处理。首先，需要分类存储废弃物，将有害物质和不同种类的废弃物分开存放，以避免交叉污染。其次，对于有害物质，应采取特殊的处理措施，如特殊包装、密闭贮存、专业机构处理等。对于化学废弃物，应按照不同类型和性质，采取相应的处理方法，如固化、中和、燃烧、回收等。最后，对于生物危险物质，应严格遵守有关规定，采取严密的隔离、灭菌和消毒措施，确保不会对人员和环境造成危害。

4. 环保意识的培养

实验室中的人员应该具备环保意识，以减少废弃物的产生和环境污染。首先，应该制定并执行环保方案和管理规定，从源头上控制废弃物的产生。其次，实验室人员应该对环境污染和资源浪费等问题有清醒的认识，充分发挥自己的作用，积极推动环保工作的开展。例如，可以通过宣传、培训等方式提高环保意识，引导人员使用环保材料、节约能源、合理使用实验室设备等。同时，应该注重环境监测和评估，及时发现和解决环境问题，确保实验室环境符合国家和地方有关环保要求和标准。通过这些措施，可以有效保护环境，减少资源的浪费和损失，同时提高实验室人员的环保意识和责任心。

三、实验设计优化

（一）明确实验目的

明确实验目的是设计一个成功的实验的第一步。实验目的可以帮助指导实验的过程，并确保实验结果与预期相符。在明确实验目的时，需要考虑实验的科学问题、研究对象、描述特性等因素，以便形成一个清晰、具体的实验目标。

（1）实验的科学问题。实验的科学问题是进行实验的出发点和目标。科学问题应该具有一定的深度和广度，并能够帮助指导实验设计和数据分析。通过明确实验的科学问题，可以更好地理解实验的意义，并为实验的设计和结果分析提供指导和支持。

（2）研究对象。研究对象是进行实验研究的基本单位。了解研究对象的特点和属性是明确实验目的的另一个重要因素。研究对象可以是自然现象、物体、生物体等各种不同类型的事物。对研究对象进行深入了解，包括其形态、构成、结构等方面的特点，可以帮助确定实验范围和目标。

（3）描述特性。描述特性是指对研究对象的属性和特征进行详细的描述和分析。这些属性和特征可以包括大小、形状、颜色、化学构成等方面。通过对研究对象的描述特性进行分析，可以更好地了解其内在机制和特性，并为实验设计和数据分析提供基础和依据。

通过考虑这些因素，可以形成一个清晰、具体的实验目标。实验目的应该能够回答所研究的科学问题，并能够确定实验的范围和目标。此外，实验目的还应该与科学知识和研究领域相关，并符合实验要求和条件。

（二）合理选择实验器材和测量仪器

合理选择实验器材和测量仪器：合理选择实验器材和测量仪器对于实验结果的准确性和可靠性至关重要。在选择器材和仪器时，需要根据实验目的和需求进行合理的选择，并考虑其精度、灵敏度、可靠性等因素，以确保能够满足实验要求。

（1）实验目的。合理选择器材和仪器需要根据实验目的和需求进行选择。实验目的可以帮助指导选择合适的器材和仪器，以确保实验设备可以满足实验要求。例如，在测量温度时需要使用温度计，在测量电流时需要使用电流表等。

（2）精度。精度是指测量或测试结果与真实值之间的误差大小。在选择器材和仪器时，应考虑其精度，以确保实验结果的准确性和可靠性。高精度的仪器具有更小的误差，可以提供更加准确的测量结果。实验中需要特别注意对精度的要求，并选择适当精度的仪器。

（3）灵敏度。灵敏度是指测量或测试结果对于所测量或测试参数变化的响应程度。选择器材和仪器时，应该考虑其灵敏度，以便测量或测试参数变化时可以得到足够的响应。高灵敏度的仪器能够检测到微小的变化，从而提供更加精确的测量结果。选择适当灵敏度的仪器可以提高实验的质量和效率。

（4）可靠性。可靠性是指器材和仪器在正常使用情况下的稳定性和耐用性。选择器材和仪器时，应该考虑其可靠性，以确保实验装置能够长时间、稳定地运行。可靠性是一个非常重要的因素，特别是对于长期实验或需要进行高强度测试的实验。选择具有高可靠性的仪器和器材可以大大减少故障发生的可能性并提高实验效率。

（5）适用范围。不同的实验器材和测量仪器适用范围不同。选择器材和仪器时，需要根据实验要求和条件进行选择，并确保其能够满足实验要求。例如，某些仪器只适用于特定的实验类型或测量范围，而另一些仪器则具有更广泛的适用范围。因此，在选择器材和仪器时，需要考虑其适用范围，以确保其能够满足实验需求。

（6）维护和保养。选择器材和仪器后，需要对其进行维护和保养，以确保其正常使用和延长使用寿命。这通常包括定期保养、清洁、校准以及更换易损件等。定期的维护和保养可以确保仪器和器材的稳定性和可靠性，并延长其使用寿命，从而保证实验的高效和精确。

（三）设计合理的实验步骤

设计合理的实验步骤是确保实验有效进行的关键。实验步骤应该合理简洁，具有可操作性，并且需要注意安全问题，以避免发生意外或危险情况。在设计实验步骤时，需要考虑实验的复杂度和实际操作难度。

（1）合理简洁。实验步骤应该尽可能简单和直观，避免过于复杂或烦琐的操作流程。这可以让实验者更容易理解实验流程，并提高实验效率和准确度。在编写实验步骤时，应该明确实验的目的和要求，并根据实验对象、器材和测量仪器等因素进行合理的设计。

（2）可操作性。实验步骤应该具有可操作性，即实验者可以根据步骤要求进行操作并获得更准确的实验数据。在编写实验步骤时，应该注意实际操作难度、可能出现的问题等，并提供相应的处理方法。此外，应该尽可能使用常见的实验器材和测量仪器，以便实验者能够更容易地掌握实验技巧并获得准确的实验数据。

（3）安全性。实验步骤应该考虑到安全问题，避免发生意外或危险情况。

在实验步骤中，需要明确标识危险操作以及防护措施，并提供必要的安全警示和指导。此外，在实验前需要对实验器材和测量仪器进行检查和保养，以确保其正常使用并避免安全问题的发生。

（4）实验复杂度和操作难度。实验步骤应该根据实验的复杂度和操作难度进行设计，确保实验者能够正确地进行实验操作。如果实验需要开展多个步骤，则应该合理分配时间和精力，以确保实验流程的顺利进行。此外，在实验过程中应该及时记录实验数据并进行数据处理，以便得出准确的结论。

在编写实验步骤时，可以参考以下建议。

（1）明确实验目的、科学问题等内容。在开始编写实验步骤前，需要先明确实验的目的、科学问题等内容。这可以帮助实验者更好地把握实验要点，并为实验步骤的设计提供指导和依据。

（2）按照实验流程进行编写并注意实验步骤之间的逻辑关系。在编写实验步骤时，应该按照实验流程进行编写，并注意实验步骤之间的逻辑关系。这可以保证实验步骤的顺序合理，避免出现错误或遗漏。此外，也可以根据实验流程来确定实验器材和测量仪器的选择和使用方法。

（3）提供详细的操作方法、所需器材和仪器、测量参数等信息。在每个实验步骤中，需要提供详细的操作方法、所需器材和仪器、测量参数等信息。这可以让实验者更清晰地了解实验步骤的具体操作方法，以及必要的器材和仪器的选择和使用方法。同时，还可以防止操作方法和器材选择上的差异性对实验结果产生影响。

（4）注重安全问题。并提供相应的安全警示和指导：在实验步骤中，应该注重安全问题，并提供相应的安全警示和指导。这可以保障实验者的人身安全和实验器材的正常使用，避免发生意外或危险情况。此外，还可以在实验步骤中提供必要的防护措施和应急处理方法，以便实验者遇到危险情况时能够及时处理。

（四）控制误差来源

实验中存在各种误差来源，这些误差可能会对实验结果产生影响。在设计实验时，需要考虑这些误差来源，并采取适当的措施来控制和减小误差，如增加测量次数、降低温度等[28]。通过控制误差来源，可以提高实验结果的精确性和可信度。

（1）仪器误差。仪器误差是由于测量仪器的不确定性而引起的误差，其大小通常受到仪器精度和分辨率的影响。为了控制仪器误差，可以使用精度更高、分辨率更细的仪器进行实验；如果实验所需的仪器精度过高，则可以在实验中增加测量次数以提高结果的准确性。

（2）环境误差。环境误差是由于环境因素（如温度、湿度、气压等）对实验结果产生的影响。为了控制环境误差，需要将实验器材放置在稳定的环境中，并且在实验前、实验中、实验后都要对环境因素进行检查和调整。此外，还可以采用隔离措施（如隔音、遮光等）来减少环境噪声的干扰。

（3）操作误差。操作误差是由于实验者的操作不当或技巧不熟练而引起的误差。为了控制操作误差，需要对实验者进行必要的培训和指导，并在实验过程中定期检查和纠正操作方法。此外，还可以采取自动化或计算机控制等手段来减少实验者对实验结果的影响。

（4）样本误差。样本误差是由于实验样本数量不足、样本来源不一致或样本选取不合理等而引起的误差。为了控制样本误差，需要选择符合实验目的和科学问题的样本，并注重样本的数量和来源的稳定性。此外，还可以通过随机抽样和双盲试验等方法来减小样本误差。

（五）数据处理和分析

在实验过程中，需要进行数据处理和分析，以便得出准确的实验结果。数据处理和分析需要使用合适的统计方法和软件工具，并考虑误差和不确定性因素。通过数据处理和分析，可以揭示实验结果中的规律和趋势。

（1）数据收集。在实验中，需要使用适当的仪器和设备来收集实验数据。为了保证数据的准确性和可靠性，需要选择合适的测量方法和技术，并根据实验目的和科学问题制定相应的实验方案。在实验过程中，还需要注意记录实验操作细节和所得结果，以便后续数据处理和分析。

（2）数据整理和清洗。在收集完数据之后，需要对数据进行整理和清洗。这包括对数据进行分类、归纳、去除异常值和重复数据等操作。通过数据整理和清洗，可以使数据更加规范和易于处理。

（3）统计分析。在数据整理和清洗完成后，需要对数据进行统计分析。常用的统计分析方法包括描述性统计和推断性统计。描述性统计主要是对数据进行概括和总结，包括平均数、标准差、频率分布等指标。推断性统计则是基于样本数据对总体进行推断，包括假设检验、方差分析、回归分析等方法。

（4）软件工具。在进行数据处理和分析过程中，需要使用合适的统计软件工具，如 Excel、SPSS、MATLAB 等。这些软件工具能够自动处理大量数据，并提供多种统计图表和分析方法，方便实验者对数据进行可视化和深入分析。

（5）不确定性因素。在进行数据处理和分析时，需要考虑误差和不确定性因素对数据的影响。对于测量误差和样本误差等因素，可以对数据进行纠正或调整。而对于不确定性因素，可以使用置信区间、标准误差等方法来表示数据的不确定范围。

（六）总结与反思

总结与反思是每个成功实验的必要步骤。在完成实验后，需要对实验过程和结果进行总结和反思，并提出改进意见。通过总结与反思，可以发现实验中存在的问题和不足，并提出改进策略，以优化实验设计和操作流程。

（1）实验目的与结果。首先需要总结实验目的和科学问题，并评估实验是否达成预期目标。然后，需要对实验结果进行分析和解释，包括发现规律和趋势、评估数据质量等。

（2）实验设计与操作流程。在总结实验设计和操作流程时，需要回顾实验方案和实验步骤，并评估其合理性和可行性。如果实验中存在问题或不足，需要提出改进建议和措施，以优化实验设计和操作流程。

（3）实验器材和仪器。在总结实验器材和仪器使用时，需要评估其适用性和精度，并检查其状态和功能。如果实验器材和仪器存在问题，需要及时维修或更换，以保证实验数据的准确性和可靠性。

（4）安全与环境。在总结实验安全和环境方面时，需要评估实验中可能存在的危险和污染因素，并采取相应的安全措施和环境保护措施。如果实验中存在安全隐患或环境污染，需要提出改进措施和建议，以保障实验者的人身安全和环境卫生。

综上所述，实验设计是大学物理实验教学中非常重要的一部分，需要注意实验目的、器材选择、实验步骤、误差控制、数据处理与分析以及总结与反思等方面。只有通过合理的实验设计和操作，才能保证实验结果的准确性和可靠性。

第四节   实验报告的要求

一、实验报告的结构和基本要求

（一）实验报告的结构

在大学物理实验教学中，实验报告是对实验进行总结和分析的重要文献，它应该包括以下几个基本要素。

1. 标题页

标题页是实验报告的第一页，通常包括以下信息：实验名称、课程名称、组号、日期、成员姓名等。这些信息应该清晰明了，字体大小适宜，排版整齐美观。

2. 摘要

摘要是实验报告的主要内容之一，通常不超过 200 字。摘要应该简要介绍实验目的、方法、结果和结论，概括实验的主要内容和重要结论。摘要需要写得简明扼要、语言通顺准确，能够让读者快速了解实验的目的和结果。

3. 引言

引言部分应该说明实验的背景、意义和相关理论知识，以及实验设计的目的、假设和预期结果。引言需要在探究问题的基础上，对实验进行科学合理的设计和规划。需要注意的是，引言应该清晰明了、简洁有力，不能过于冗长或者空泛。

4. 实验部分

实验部分是实验报告的核心内容，主要记录实验操作过程和测量数据，并分析实验误差等信息。实验部分需要按照时间顺序或者实验步骤顺序排列，每一个步骤都应该有明确的标题和编号，方便读者理解和查阅。实验部分应该详细记录实验的操作过程、测量数据和结果，并且说明使用的仪器设备和实验条件。需要注意的是，实验部分应该写得准确、清晰，避免出现错误或者遗漏。同时，还需要对实验误差进行正确评估和处理。

5. 结果与讨论部分

结果与讨论部分是实验报告的重要组成部分，主要根据实验数据和测量结果，使用图表、计算和文字描述实验结果，并对实验结果进行正确性分析、误差分析和误差处理。同时，还需要将实验结果与理论预期进行比较和讨论，讨论可能的误差来源和改进措施。

在写作过程中，需要注意以下几点：

（1）结果应该准确、清晰，可以使用图表、计算或者文字描述。

（2）进行正确性分析，包括数据的可靠性、有效性和精确性等方面。

（3）进行误差分析，包括系统误差和随机误差等方面，需要对误差进行评估和处理。

（4）将实验结果与理论预期进行比较和讨论，深入探究实验现象的物理本质和规律性，揭示实验数据和理论模型之间的差异和联系。

（5）讨论可能的误差来源和改进措施，提出实验改进的建议和方法。

6. 结论

结论部分是实验报告的总结和归纳，主要总结实验结果和讨论的结论，回答实验设计的问题和达成的目的。结论需要简明扼要，表达清晰，具有理论意义和实践价值。

在写作过程中，需要注意以下几点：

（1）结论应该准确，简洁明了，能够概括实验结果和讨论的结论。

（2）回答实验设计的问题和达成的目的，说明实验对于物理学研究的重要性和实际应用价值。

（3）强调实验结果的可靠性和有效性，避免出现不一致或者矛盾的结论。

（4）提出实验改进和完善的建议和方法，为未来的研究提供参考和借鉴。

7. 参考文献

参考文献部分是实验报告的最后一部分，列出参考的文献和资料，包括实验手册、教科书、期刊论文等。参考文献需要按照规范格式进行排版，如 APA、MLA、Chicago 等风格。在引用参考文献时，需要注明作者、出版时间、出版地等信息，遵循学术规范和诚信原则。

（二）实验报告的基本要求

除了这些基本要素之外，实验报告还应该注意以下几点。

1. 语言规范性

在实验报告中，使用简洁明了、精确准确的语言是非常重要的。应当避免使用口语化或者不规范的表述，如用词不当、歧义表述、省略符号混用等，以免给读者造成困扰或误解。正确、准确的语言可以更好地表达实验结果和讨论结论，并且能够突显作者的专业素养。

2. 排版美观性

排版美观整洁是实验报告至关重要的一部分。适宜的字体大小和行距、准确标注图表和公式的编号和单位、合适的标题和副标题分隔内容等，都可以使实验报告更具条理性和易读性。通过良好的排版，可以使报告看起来更加有序清晰。同时，对于读者而言，有一个好的阅读体验也能够提高他们的学习兴趣。

3. 图表规范性

图表应该清晰易懂。在编写实验报告时，图表是不可或缺的一部分，它可以直观地反映出实验结果和数据，增强实验报告的科学性和可信度。为了保证图表的规范性，需要标注坐标轴、数据点和误差棒，并且图表中的文字和符号应该清晰可读。在使用图表时，还需要注意图表的类型选择和规范使用。正确的图表可以帮助读者更好地理解实验结果和讨论结论。

4. 公式规范性

在实验报告中，公式的正确性和准确性是非常重要的。编写公式时需要注重简洁明了，并标注符号含义和单位，以便读者更好地理解。此外，还需要按照顺序编号，使得公式更加有序清晰。正确的公式可以提高实验报告的专业性和可信度，同时也方便读者查阅和理解。

5. 校对修改

校对修改是实验报告的最后一步，其目的是确保实验报告的完整性、准确性和规范性。在校对修改过程中，需要仔细检查并修正书写错误、格式问题和语言表述上的不当之处，以确保报告质量的高水平。通过校对修改，可以使实验报告更具科学性和可读性，同时也避免因为错误或者疏漏而影响实验报告的严谨性。

二、实验报告应注意的问题及应对策略

（一）实验目的和背景

实验报告中应该清晰地描述实验的目的和意义，即为什么做这个实验，想要达到什么样的结果。同时，也需要介绍该实验在物理学中所处的位置和作用，比如该实验是用来验证某个物理原理或者探讨某个物理现象等。

（1）突出实验的核心目的。实验报告中应该清晰地描述实验的核心目的，即为什么要做这个实验，想要达到什么样的结果。例如，某个实验可能是为了验证某个物理原理或者探究某个物理现象的规律等。

（2）介绍实验的背景和意义。除了阐述实验的核心目的，还需要介绍实验在物理学中所处的位置和作用，以便更好地理解实验的重要性和价值。例如，可以简要介绍该实验的历史背景、与该实验相关的理论和研究进展等内容。

（3）基于前人的工作。在介绍实验背景和目的时，也应该涉及前人的研究成果。这些成果包括先前的实验结果、相应的理论和模型等，对于实验的设计和操作都有重要的指导意义。

（4）遵循科学规范。写实验目的和背景的过程中，需要遵循科学规范和语言准确性，避免使用模糊或不明确的表述。同时，也需要简练明了地阐述实验的意义和重要性，以便读者能够快速理解该实验的核心目的。

（二）实验原理

实验报告需要详细地介绍实验所用到的物理原理和公式，包括其推导和应用。在介绍原理的同时，也需要说明实验中使用的仪器和设备的原理和工作方式，以便能够更好地理解该实验的操作过程和产生的数据。

（1）介绍实验所涉及的物理原理。实验原理应该详细介绍实验所涉及的物理原理和公式，包括其推导和应用。这些原理和公式可能来自基本物理学，如牛顿力学、电磁学等，也可能来自高级物理学，例如量子力学、相对论等。

（2）解释实验中使用仪器和设备的工作方式。在介绍实验原理的同时，还需要说明实验中使用的仪器和设备的原理和工作方式，以便读者能够更好地理解该实验的操作过程和数据产生的原因。例如，如果实验涉及光学方面，需要详细介绍使用的仪器是如何利用光学原理来测量物理量的。

（3）使用图表辅助说明。除了文字叙述外，可以使用图表等形式来辅助说明实验原理，使得读者更容易理解。例如，可以使用示意图或流程图来说明仪器和设备的工作原理；使用公式和数学模型来说明实验原理。

（4）遵循科学规范。在撰写实验原理的过程中，需要遵循科学规范和语言准确性，避免使用模糊或不明确的表述。同时，也需要对物理原理和公式进行彻底的解释，确保其准确性和逻辑性。

（三）实验步骤和方法

实验报告需要逐步描述实验的步骤和方法，并记录每次实验的数据和结果，以便后续分析和解释。在实验步骤和方法的描述过程中，需要严格按照操作规程进行操作，并尽可能记录实验过程中的各种情况，如观测到的异常现象、调整仪器的过程等。

（1）逐步描述实验的操作流程。实验步骤和方法应该逐步描述实验的操作流程和方法，包括每个步骤所需的仪器和设备、操作顺序以及相应的注意事项等。这些描述应该尽可能清晰明了，避免使用模糊或不明确的表述。

（2）记录每次实验的数据和结果。在实验过程中，需要记录每次实验的数据和结果，并进行编号和分类，方便后续数据处理和分析。这些数据和结果应该尽可能详细和准确，避免出现笔误或遗漏的情况。

（3）遵循操作规程。在实验步骤和方法的描述过程中，需要严格按照操作规程进行操作，遵循实验安全和诚信原则。同时，也需要记录实验过程中的各种情况，比如观测到的异常现象、调整仪器的过程等，以便后续分析和解释。

（4）补充必要的实验参数和测量误差。在实验步骤和方法中，需要补充必要的实验参数和测量误差，以便更好地评估实验结果的可靠性和准确性。例如，在进行物理量测量时，需要记录使用的仪器范围和灵敏度，并计算相应的测量误差[29]。

（四）数据处理和分析

实验报告应该包含对数据进行统计和分析的过程和方法，如误差分析、图表制作等，并给出实验结果的可靠性和准确性评估。需要注意的是，数据处理和分析过程中应该严格遵守科学的方法和规范，并进行充分的讨论和解释，以便更好地理解实验结果所反映的物理现象和规律。

（1）数据的收集和处理。在实验过程中，需要及时记录并整理实验数据，并进行必要的处理和筛选。这些操作包括数据清洗、异常值处理、平均值计算等。

（2）统计和分析方法的选择。在选择统计和分析方法时，需要根据实验目的和数据类型进行合理的选择。例如，对于一些数量较小的数据集，可以采用基本统计学方法，如平均值、标准差、方差等；而对于大数据集则可以采用更为复杂的方法，如回归分析、模型拟合等。

（3）误差分析和可靠性评估。在进行数据处理和分析的过程中，需要进行适当的误差分析和可靠性评估，以便评估实验结果的精度和可信度。例如，可以计算测量误差、确定置信区间等。

（4）图表制作和解释。在展示数据和分析结果时，可以使用图表等形式来更直观地呈现数据。同时，也需要解释和分析这些图表所反映的物理现象和规律，并与实验原理和目的进行联系。

（五）结论和讨论

实验报告中的结论应该结合实验结果，简要总结实验的主要结论。同时，也需要进行深入的讨论和分析，比较不同实验结果，并探讨可能的原因和影响。这部分内容需要清晰地说明实验的意义和贡献，并尽可能与相关文献和理论联系起来。

（1）简要总结实验的主要结论。在这一部分，需要用简洁明了的语言总结实验的主要结果和发现。这包括指出实验是否达到了预期目标，并说明实验结果的意义和贡献。例如，可以简要概括实验对研究对象性质或相应理论模型的认识提供了哪些新资料和信息。

（2）深入的讨论和分析。在进行讨论和分析时，需要比较不同的实验结果，并探讨可能的原因和影响。这包括分析数据处理和分析中的误差来源、仪器和设备的精度影响等内容。此外，还可以尝试从不同角度和层面深入剖析实验所涉及的物理现象和规律。

（3）与相关文献和理论联系起来。在讨论和分析的过程中，需要将实验结果与相关文献和理论联系起来。这些文献和理论可以包括前人的实验成果、相应的理论模型以及其他相关研究进展等。通过对比、探索和连续性地思考，有助于更好地理解实验所研究的物理现象和规律，为后续研究提供参考和启示。

（4）阐明实验的局限性和未来展望。在结论和讨论的过程中，也需要阐明实验的局限性和未来展望。这包括指出实验研究还有哪些方面需要深入探究和改进，以及可能的技术和研究方向。同时，还要注意提醒读者实验结果的普适性和可重复性等方面的限制。

（5）表述清晰、简洁。在撰写结论和讨论时，需要用简练明了的语言表述实验结果的意义和贡献，避免使用模糊或不明确的表述。此外，在进行数据处理和分析时应当做到严谨准确。总体上，需要将实验结果、讨论分析、文献理论等信息融合在一起，构成一个完整的、详略得当的文字叙述。

（六）参考文献和引用

在实验报告中，引用他人的研究成果是非常常见的。为了体现学术诚信和科学严谨性，需要列出实验报告中所引用的参考文献，并遵循相应的引用格式和规范。同时，引用的参考文献应该具有一定的代表性和可信度，方便其他人查阅和了解相关研究。

（1）引用格式的规范。不同学科领域、期刊或会议可能会采用不同的引用格式和规范。例如，在自然科学领域，常见的引用格式包括 APA（American Psychological Association，美国心理学会）、MLA（Modern Language Association，美国现代语言学会）等，而在工程技术领域，常见的引用格式则包括 IEEE（the Institute of Electrical and Electronics Engineers，电气电子工程师学会）等[30]。在撰写实验报告时，需要根据具体要求选择相应的引用格式和规范，并严格遵守其规定，以确保引用准确、完整、规范。

（2）参考文献的来源。在选择参考文献时，需要选择具有代表性和可信度的文献。具体来说，可以选择已经发表的相关研究论文、专著或者权威机构发布的报告等。在选择参考文献时，需要注意其专业性、时效性、可靠性和语言质量等方面，以确保所引用的内容能够符合实验报告的要求。

（3）引用方式与标注。在引用参考文献时，需要标注出文献的作者、题目、出版时间、地点等信息，并且将引用部分放在引用符号内，以示区别。对于直接引用他人观点或数据的情况，还需要注明引用的具体页码或数据来源。在撰写实验报告时，需要根据所选引用格式的规范要求，正确标注参考文献的信息，以确保引用准确无误。

（4）参考文献列表。在实验报告的最后，需要列出所引用的所有参考文献，并按照约定的格式进行排列。参考文献列表应该包括文献的作者、题目、出版时间、地点等完整信息，并且需要按照字母顺序或者出版时间先后依次排列。此外，在列出参考文献时，需要注意排版的规范和格式统一性，以确保参考文献的清晰易读、规范统一。

（七）报告的格式和组织

实验报告应该按照一定的格式和组织方式编写，包括封面、摘要、正文、参考文献等部分。其中，封面应该包含实验名称、日期、学生姓名等基本信息；摘要应该简洁明了地概述实验目的、原理、方法、结果和结论等；正文则需要详细描述实验过程、数据处理和分析等内容；参考文献需要列出实验报告中所引用的参考文献，遵循相应的引用格式和规范。在书写实验报告时，还需要注意书写规范、语言流畅性和文字表达的准确性，以保证实验报告具有一定的学术价值和科学性。

三、实验报告的写作技巧

（一）确保实验过程清晰明了

在实验报告中，学生应该清晰地记录实验的步骤和方法，包括使用的仪器和设置的参数等。特别是对于一些需要特殊操作或注意事项的实验，应该更加详细地进行描述，以确保读者能够准确理解实验的过程。

（1）详细描述实验过程。在实验报告中，应该尽可能详细地描述实验过程。这包括使用的仪器、设置的参数、实验的顺序和持续时间等。例如，如果学生在实验中使用了特殊的仪器或设备，请确保在报告中对其进行描述，并提供足够的信息以便读者理解。

（2）使用清晰的语言和有效的组织方式。确保使用简洁、清晰的语言来描述实验过程，并在报告中使用适当的标题和段落结构。这将有助于读者更容易理解实验的步骤和顺序。

（3）强调关键步骤和注意事项。在实验报告中，应该强调一些关键的步骤和注意事项。这些步骤可能是实验成功的关键，也可能是需要特别注意的危险点。为了使读者能够更好地理解这些关键步骤，可以考虑使用图表、图片或示意图等辅助工具。

（4）包括实验结果和分析。在实验报告中，应该包括实验结果和分析。这些结果和分析应该与实验步骤和方法密切相关，并且应该提供足够的数据和信息以便读者理解。此外，在分析实验结果时，也要注意将其与实验目的、假设或预期结果进行比较，并解释任何不一致之处。

（二）结果数据精确无误

在实验报告中，学生应该尽量准确地记录实验结果数据，并避免出现错误或疏漏。同时，还要确保数据的单位标识正确，方便读者阅读和理解数据。

（1）记录数据时要仔细。在记录实验结果数据时，应该认真对待每一个数字和数值，并且要避免出现任何错误或疏漏。如果数据有误，可以考虑重新检查实验过程并重新记录相关数据。

（2）标识单位和精度。为了方便读者阅读和理解数据，应该在记录实验结果数据时标注单位和精度。这将有助于读者正确地理解数据的含义，并避免因单位或精度错误而导致的混淆和误解。

（3）使用适当的图表和统计分析。在呈现实验结果数据时，可以使用图表和统计分析工具来帮助读者更好地理解数据。例如，可以使用柱状图、折线图等图表形式来呈现数据；还可以使用平均值、标准差、置信区间等统计指标来描述数据。

（4）比较和分析结果。在实验报告中，应该比较和分析实验结果数据。这些分析应该与实验目的、假设或预期结果密切相关，并且需要提供足够的数据和信息以便读者理解。

（三）分析结果并得出结论

在实验报告中，学生除了简单地陈述实验结果外，还应该对结果进行分析和讨论，通过图表、计算等方式展示数据，进而得出结论。这有助于加深学生对物理概念的理解和认识，并使读者更好地理解实验的意义。

（1）呈现数据。在对实验结果进行分析和讨论之前，需要使用图表、计算等方式呈现数据。这将有助于读者更好地理解数据的含义和趋势，并为接下来的分析提供基础。

（2）分析数据。接下来，应该对实验结果数据进行分析。例如，可以计算平均值、标准差、置信区间等统计指标，并与预期结果进行比较。此外，还可以考虑使用图表、图像等可视化工具来展示数据的趋势和关系。

（3）讨论结论。在分析实验结果数据后，应该得出结论并进行讨论。这些讨论应该与实验目的和假设密切相关，并且应该提供足够的数据和信息以便读者理解。在讨论结论时，还可以从物理学原理、实验误差等方面进行探讨。

（4）提出建议。如果存在实验中可能出现的错误或改进点，也可以在实验报告中提出相应的建议。这将有助于提高实验的质量和准确度，并帮助读者更好地理解实验的意义。

（四）注意格式和排版

实验报告的格式应该符合学校和教师的要求，如字体、行间距、页边距等。此外，学生应该注意段落结构和标点符号的使用，使实验报告易于阅读和理解。

（1）符合学校和教师要求。首先，学生应该确认学校和教师对实验报告格式的要求，并严格遵守这些要求。例如，字体、行间距、页边距等规定都需要遵守，以确保实验报告符合标准。

（2）使用清晰的段落结构。在编写实验报告时，应该使用清晰的段落结构来组织内容。每个段落应该只包含一个主题，并在段落开始处使用缩进，以便读者更容易理解文章的结构和内容。

（3）标点符号的正确使用。在实验报告中，应该注意标点符号的使用，并确保使用正确的标点符号。这有助于实验报告的流畅性和可读性。

（4）图表和公式的排版。如果实验报告中包含图表和公式，应该确保它们的排版清晰明了。图表和公式应该按照标准的排版方式进行排版，并根据需要添加注释和说明。

（5）简洁明了的语言。在实验报告中，应该使用简洁明了的语言来描述实验过程和结果。避免使用复杂的词汇和句子，以免阅读起来困难或容易产生歧义。

（五）勤于思考和总结

在写实验报告的过程中，学生应该勤于思考所学的物理概念，在实验中的应用及其意义，从而进一步加深对物理知识的理解。同时，还可以通过总结和回顾整个实验过程，巩固所学内容，为后续学习打下基础。

（1）思考物理概念。在实验报告中，应该勤于思考所学的物理概念，并探讨它们在实验中的应用及其意义。这有助于加深对物理知识的理解，并帮助学生更好地将所学内容应用到实际情境中。

（2）总结实验过程。在实验报告中，可以对整个实验过程进行总结和回顾。这包括实验目的、设计、步骤和结果等方面。通过总结和回顾，可以巩固所学内容，并为后续学习打下基础。

（3）探索问题和改进点。在总结实验过程时，还可以探索存在的问题和改进点。例如，在实验中可能出现的误差或不确定性，以及如何通过改进实验设计或操作来减小误差或提高精度等。

（4）提出建议和展望未来。在实验报告中，也可以提出相关建议并展望未来。例如，如果实验结果与预期不符，可以提出可能的原因并提出改进建议。此外，还可以探讨实验结果对物理学领域的贡献及未来的研究方向等。

（六）及时完成和提交

学生应该按时完成实验报告并提交。如果在写作过程中遇到任何问题或困难，应该及时咨询教师或同学，以确保实验报告的质量和及时性。

（1）遵守规定时间。在学校或教师规定的时间内完成实验报告并提交。这有助于让教师及时评估和提供反馈，并确保实验报告的有效性和准确性。

（2）及时咨询教师或同学。如果在写实验报告的过程中遇到任何问题或困难，应该及时与教师或同学咨询。这将有助于解决问题并提高实验报告的质量。此外，可以向教师寻求意见和建议，以便改进实验报告。

（3）确保完整和准确。在提交实验报告之前，应该仔细检查内容，确保实验报告完整且准确无误。检查过程中，还需要核对格式、排版和标点符号等方面，以确保实验报告的质量。

（4）不要拖延。最后，在编写实验报告时，应该尽可能避免拖延。拖延会影响实验报告的质量和及时性，并可能导致错误和疏漏等问题。因此，应该早做计划并分配足够的时间来完成实验报告。

第四章
大学物理实验教学考核与评价

大学物理实验教学是培养学生科学素养、实践能力和创新意识的重要途径，对于提高学生的综合素质具有重要的作用。为确保实验教学的有效性和质量，必须进行科学合理的考核与评价。本章将从实验教学考核的基本概念、重要性和必要性、方法和手段以及实验教学质量评价与监控等多个方面进行全面介绍，旨在帮助读者深入了解实验教学考核与评价的理论和实践方法，提高大学物理实验教学的质量和效果。同时，本章还将探索大学物理实验教学考核与评价的创新模式，包括建立多元化实验教学考核体系、探索基于网络技术的实验考核方法以及实现实验教学质量评价与管理信息化[31]。通过本章的阐述，读者将掌握实验教学考核与评价的基本概念、方法和指标体系，进而提高实验教学的质量和效率，促进学生的全面发展。

第一节　实验教学考核的意义和目的

一、实验教学考核的基本概念

在大学物理实验教学中，实验教学考核是对学生在实验操作、数据处理和实验报告等方面的能力进行评价的教学评估方式。其基本概念包括以下几个方面：主要评价学生的实验操作技能、数据处理能力、实验思维能力、实验安全意识以及实验报告撰写能力等。其特点是具有客观性、科学性、实用性和灵活性等。其分类可以按照评价方式分为定量评价和定性评价两类。通过实验教学考核，可以帮助学生全面提高实验能力和科学素质，同时也是教师对教学效果进行监控和评估的有力手段。

（一）实验教学考核的内涵

实验教学考核主要包括实验操作技能、数据处理能力、实验思维能力、实验安全意识以及实验报告撰写能力等方面。通过考核，可以了解学生在实验过程中是否掌握了相关知识和技能，并能够对其实验能力的强弱进行客观测评。

（1）实验操作技能。在大学物理实验教学中，学生需要掌握各种仪器的使用方法。此外，还需要具备对实验现象进行观测和数据记录的能力，同时也需要了解实验方法的选择和操作流程等相关知识。通过训练，可以提高学生的实验技能和操作水平。

（2）数据处理能力。在大学物理实验教学中，学生需要掌握对实验数据收集、整理、统计和分析等方面的能力。除了手工计算之外，学生也需要熟悉各种常见的数据处理软件，如 Excel、Origin 等，以便更好地处理实验数据和展示结果。

（3）实验思维能力。在大学物理实验教学中，学生需要具备实验设计、解决实验过程中出现的问题、创新精神、实验结果分析和综合判断等方面的能力。这些能力可以通过培养学生的科学探究意识、发散思维能力和实验模型构建能力等方式来提高。

（4）实验安全意识。在大学物理实验教学中，学生需要具备正确的实验安全知识和自我保护能力。在实验过程中，学生需要具备遵循实验规则，注意实验安全，正确处理紧急情况等方面的能力。这些能力可以通过教育和培训来提高。

（5）实验报告撰写能力。在大学物理实验教学中，学生需要具备准确表述实验目的、方法、结果分析和结论等方面的能力。学生需要按照一定的格式要求书写实验报告，包括标题、摘要、引言、实验方法、结果分析、结论等部分。通过训练，可以提高学生的实验报告撰写能力。

（二）实验教学考核的特点

实验教学考核具有客观性、科学性、实用性和灵活性等特点。其评价标准应该与实验目的和要求相一致，并根据实验内容的不同进行针对性的设计。

（1）考核的客观性。实验教学考核的客观性体现在其使用科学严谨的方法对学生的实验操作、数据处理和实验报告等方面进行评估，从而得出较为客观和准确的结果。评估过程中要遵循统一的标准和规范，尽可能排除主观因素对考核结果的影响。

（2）考核的科学性。实验教学考核基于科学理论、原则和方法进行评价。在考核中，需要以科学的态度和方法来设计实验，掌握实验技能并进行数据处理，同时也需要运用科学的思维方式来分析实验结果和撰写实验报告。这样不仅有利于培养学生的科学精神和实验能力，也可以有效提高实验教学的质量。

（3）考核的实用性。实验教学考核的实用性非常强。通过对学生实验能力的评估，可以帮助学生和教师更好地了解学生的实际水平，从而进行有针对性的教学和指导。同时，实验教学考核还可以为学生未来的科研和实践活动打下坚实的基础，是一种非常重要的评价方式。

（4）考核的灵活性。实验教学考核应该具有灵活性。在不同的实验内容和实验目的下，需要根据实际要求和情况设计不同的考核标准和方式。这样可以更好地反映学生在实验中所表现出的实验能力和实验素质。同时，考虑到学生个体差异，也应该采用多种评价方式，如课堂测试、实验报告、实验技能操作等，以综合评估学生的实验能力。

（三）实验教学考核的分类

按照评价方式的不同，实验教学考核可以分为定量评价和定性评价两类。其中，定量评价是采用数值化的方法对学生的实验能力进行评价；定性评价则主要通过文字描述等方式来评价学生的实验表现。在实际教学中，可以根据具体情况进行综合运用[32]。

1. 定量评价

定量评价是指采用数值化的方法对学生的实验能力进行评价，常用的评价方式包括：课堂测试、数据处理、实验技能操作等。在这些评价方式中，会通过对学生的操作时间、准确度、数据处理精度等指标进行统计和分析，从而给出一个数字化的结果。例如，在实验技能操作考核中，可以统计学生完成实验任务所花费的时间，以及完成任务的准确率等指标，从而反映学生的实验能力。

2. 定性评价

定性评价主要通过文字描述等方式来评价学生的实验表现，常用的评价方式包括实验报告、讨论、演示等。在这些评价方式中，会通过对学生的实验思路、实验过程、实验结果等方面的描述和分析，从而对学生的实验能力进行评估。例如，在实验报告考核中，可以评价学生的实验设计是否合理，实验步骤是否清晰，实验结果是否符合预期等方面，从而反映学生的实验能力。

在实际教学中，可以根据具体情况进行综合运用。例如，在课堂测试中，除了考核学生的得分之外，也可以通过对学生答题的速度、思考深度、解决问题的方法等方面进行评价。同样，在实验报告中，除了对学生的文字表达能力进行评价之外，还可以通过对实验步骤、实验数据的分析和处理等方面进行评价。

二、实验教学考核的重要性和必要性

大学物理实验教学是物理学专业的重要组成部分，对培养学生科学研究能力、动手能力和创新意识有着重要作用。考核实验教学可以有效推动学生参与实验活动，提高实验教学的质量和效果。首先，实验教学考核可以促进学生认真对待实验教学，端正其学习态度和增强责任心。其次，考核可以评估学生掌握实验知识和技能的程度，帮助教师及时发现并纠正学生实验操作中存在的问题，提高实验教学的安全性。最后，考核结果可以作为学生综合素质评价的重要依据，对学生以后的学习和就业具有一定的指导作用。

（一）实验教学考核对提高教学质量的作用

1. 激励学生学习

实验教学考核可以激励学生认真学习实验知识和技能，以获得更好的实验成绩。这种考核方式可以让学生意识到实验教学不仅是一个学习环节，同时也是一个评估他们学习成果的考核环节。在这个过程中，学生会更加注重实验操作技巧、实验方法和实验分析能力的提升，从而进一步提高自己的学习质量。

2. 促进学生参与度

实验教学考核可以促进学生积极参与实验操作和分析过程，增强他们的实践动手能力和科学探究精神。学生通过实验教学考核，能够深入了解实验原理，掌握实验技巧，自觉地参与到实验操作中来，进一步提高实验效果。同时，在实验结果分析过程中，学生需要思考和分析实验数据，从而培养出实际问题解决能力和创造力。

3. 提高教学质量

实验教学考核可以促使教师更加认真地备课、讲解，注重实验操作指导和实验结果分析，提高教学效果。教师需要根据考核的要求，合理地设计实验内容、操作流程和结果分析，从而提高教学质量。在实验教学过程中，教师需要与学生进行互动交流，帮助他们解决问题、理解原理，并及时进行反馈和指导，从而进一步提高教学效果。

4. 帮助评估学生成绩

实验教学考核可以作为学生成绩计算的参考依据之一，帮助教师了解学生的学习情况，及时发现学生的问题并给予指导，帮助学生提升学习能力和成绩。实验教学考核可以帮助教师了解每个学生的实验水平和掌握程度，在课堂上探讨学生的错题和疑难问题，针对问题进行指导，帮助学生更好地理解实验知识和技能。同时，通过对实验成绩的统计和分析，教师还可以了解全班学生的学习情况，为制订后续教学计划提供重要参考。

（二）实验教学考核对促进学生发展的作用

1. 培养实践动手能力

实验教学考核通过让学生亲身参与实验操作，帮助学生培养实践动手能力。在实验过程中，学生需要亲自完成实验操作，并依据实验结果进行数据处理和分析。这种实践操作可以帮助学生更好地掌握实验技巧和方法，增强他们的操作能力，同时也能够提高学生解决实际问题的能力和创造力。通过实验操作，学生可以锻炼自己的观察、思考、分析和解决问题的能力，并能够对理论知识有更深入的认识和理解。

2. 增强科学探究精神

实验教学考核要求学生通过对实验数据的处理和分析来得出结论,从而增强了他们的科学探究精神。在实验教学过程中,学生需要结合实验原理和数据分析来推导出实验结论,这种过程可以帮助学生深入理解实验原理,主动探究实验现象背后的科学规律。科学探究精神是指学生具备以科学的方式认识世界和解决问题的能力,包括发现问题的兴趣、提出假说和进行实验验证等。通过实验教学考核,学生可以发展自己的科学探究精神,探索科学的奥秘,并在探究过程中提高自己的创造性思维和实践能力。

3. 提高团队合作能力

实验教学考核要求学生通常需要组队完成实验任务,这种模式可以帮助学生培养团队合作能力。在实验过程中,学生需要和其他队员互相协作、相互配合,共同完成实验任务并达成共识。这样的实践操作不仅能够提高学生的沟通技能,还可以培养他们的团队合作意识,让学生明确自己在团队中所扮演的角色,并根据团队目标做出贡献。

4. 强化实验基础知识

实验教学考核可以帮助学生巩固实验基础知识。通过考核,学生需要将理论知识应用到实际操作中,从而实现对实验原理的深入理解和记忆。这种实践操作可以帮助学生理解和掌握实验基本原理,加深对物理规律的认识和理解,并为以后的学习打下坚实的基础。

5. 激发科学研究兴趣

实验教学考核可以激发学生对科学研究的兴趣。在实验过程中,学生可以通过思考实验原理、分析实验数据等方式,进一步挖掘实验现象背后的科学规律。这种实践操作可以让学生深入了解与之相关的领域和研究方向,从而激发他们对科学研究的兴趣。同时,在实验教学考核的过程中,学生还可以参加各种科技竞赛、论文比赛等活动,从而更好地展示自己的科学研究能力和创新精神[16]。

第二节　实验教学考核的方法和手段

在大学物理实验教学中,考核与评价是提高学生实验能力和使其掌握实验知识的重要手段。针对不同的实验类型和教学目标,常用的考核方法和手段有多种。例如,实验报告评分法可以评估学生在实验过程中的实验技能和分析能力;实验操作评分法则能够考查学生实验流程的正确性和熟练度;而实验口头答辩评分法则能够让学生展示其口头表达能力和对实验知识的掌握程度。此外,实验考试评分法和实验观察记录评分法等也是常用的考核手段。针对具体的实验内容和要求,选择合适的考核方法和手段是非常重要的。

一、实验报告评分法

该评分方法是针对学生完成实验和撰写实验报告的质量进行评估。评分体系应包括实验完成情况、实验报告结构、实验报告内容、实验报告语言表达等因素，让学生清楚了解自己在哪些方面需要提高，并给予反馈和指导。

（一）实验完成情况

这部分评估学生完成实验的能力，包括是否按照实验要求进行操作、是否在规定时间内完成实验、是否出现操作失误等。评分标准可以根据实验难度和要求的完成时间而调整。

1. 操作流程是否正确

学生应当按照实验指导书或教师的要求进行操作，并确保每个步骤都正确执行。如果学生错过了某些步骤，将会影响结论的可靠性。如果学生执行了错误的步骤，则可能导致实验失败或者得到不准确的结果。因此，正确的操作流程是评估学生实验能力的重要因素之一。

2. 实验时间是否符合规定

学生应该在规定的时间内完成实验。时间通常是通过实验指导书或教师提供的时间表来规定的。如果学生未能按时完成实验，则可能存在时间管理上的问题或者技术能力方面的不足。因此，完成实验所需的时间也是评估学生实验能力的重要因素之一。

3. 操作失误的数量和严重程度

学生在实验中可能出现误操作或错误操作，这可能导致数据的不准确和结论的不可靠。误操作包括读数不准、使用错误的仪器或试剂，以及操作顺序错误等。评估操作失误时，需要考虑其对实验结果的影响程度，并根据情况给予相应的惩罚措施。

4. 实验记录的完整性和准确性

学生应该按照实验指导书或教师的要求记录实验数据和结果，并确保记录准确无误。实验记录包括实验设计、操作步骤、所用的仪器和试剂，以及实验结果等内容。如果学生记录不完整或者错误，可能会导致结论不可靠或者无法复制。因此，正确的实验记录是评估学生实验能力的重要因素之一。

（二）实验报告结构

这部分评估学生实验报告的结构和组织。评分体系应考虑学生是否有明确的报告结构，并将实验过程的必要部分包括在内，如摘要、引言、方法、结果、讨论等。

1. 报告结构是否合理

学生应该在实验报告中按照指定的结构来组织内容，通常包括摘要、引言、方法、结果、讨论和参考文献等部分。这些部分应该按照特定的顺序排列，并且每个部分的内容应该相对独立，方便读者阅读和理解。评估时需要考虑报告结构是否合理、清晰明了。

2. 摘要是否恰当

摘要是实验报告中的重要部分，应该简洁而准确地概括实验的目的、方法、结果和结论等基本信息。学生需要确保所提供的摘要内容完整、准确，并且能够反映实验的主要内容和结论。同时，摘要长度应该适当控制，一般不超过一页。

3. 引言是否充分

引言是实验报告中的第一个部分。它应该明确说明实验的背景和目的，并回顾相关研究成果。此外，引言还应该介绍实验设计和方法，并简要介绍结果和结论。学生需要确保引言充分、精炼，并将其限制在一页以内，以便为后续部分的内容打下基础。

4. 方法是否详细

方法部分应该提供足够的细节和信息，使读者能够重复或验证实验。学生需要详细描述所用的仪器和试剂、实验步骤以及实验的时间和温度等条件。此外，学生还需要注意排版和格式的正确性，以便读者能够清晰地理解方法部分的内容。方法部分是评估实验报告中学生实验能力的重要部分之一。

5. 结果是否清晰

在实验报告中，结果部分需要清晰地展示实验数据和结果，并使用图表和统计分析等方式来有效地呈现数据。此外，学生还需要对结果进行解释，以便读者能够理解其含义。要确保所提供的结果准确、详尽，并符合报告结构。

6. 讨论是否深入

在讨论部分，学生需要回答实验研究问题，并将实验结果与相关文献进行比较和分析。此外，学生还需要说明实验结果的含义、局限性和对未来工作的建议等。要确保讨论部分深入，有条理，并且能够充分回答实验目的和研究问题。

7. 参考文献是否齐全

在参考文献部分，学生需要列出所有引用的参考文献，并遵循指定的引用格式。学生需要确保参考文献格式正确，并列出了所有必要的引用和来源。要维护参考文献的完整性和准确性，以便读者可以查找和验证已引用的信息。

（三）实验报告内容

这部分评估学生对实验方法、结果，以及对实验结果的解释和讨论的准确性与深度。评分体系应该考虑学生是否能够清晰地传递实验结果，对实验过程中出现的问题进行分析和讨论。

1. 实验方法的描述是否准确

学生需要提供清晰、详细的实验方法和步骤，以便读者可以理解和复制实验。评估者会检查学生提供的实验方法是否准确，包括实验用到的仪器和试剂、实验步骤的描述和实验的时间和温度等条件。评估时需要考虑实验方法的准确性、详细程度以及是否符合科学研究规范。

2. 实验结果的清晰性和准确性

在实验报告中，结果部分需要清晰地展示实验数据和结果，并使用图表和统计分析等方式来有效地呈现数据。此外，学生还需要对结果进行解释，以便读者能够理解其含义。要确保所提供的结果准确、详尽，并符合报告结构。评估时需要考虑结果的准确性、详细程度以及符合报告结构。

3. 对实验结果的讨论和解释

在讨论部分，学生需要回答实验研究问题，并将实验结果与相关文献进行比较和分析。此外，学生还需要说明实验结果的含义、局限性和对未来工作的建议等。评估者会评估学生是否有深入的讨论和解释实验结果的能力，是否能够充分回答实验目的和研究问题。评估时需要考虑讨论部分的深度、条理性以及能否充分回答实验目的和研究问题。

4. 对实验过程中问题的分析和讨论

学生需要对实验过程中出现的问题进行分析和讨论，包括问题的可能原因、解决方法以及对实验结果的影响等。评估者会检查学生能否深入分析实验过程中遇到的问题，并提供有效的解决方案。评估时需要考虑学生对实验过程中问题的分析和解决方法的合理性和科学性。

（四）实验报告语言表达

这部分评估学生实验报告语言表达的清晰度、准确性、简洁性、连贯性和规范性。这一部分的评分涉及学生的文字组织能力，需要考虑用词精准、句子通顺、段落结构清晰等方面。

1. 清晰度

学生需要使用简单、易懂的词汇和句子来传达实验过程、结果和讨论等内容，避免使用模糊或含糊不清的表述。评估者会检查学生是否能够以清晰明了的语言描述实验过程、结果和讨论等内容，使读者理解实验目的、方法和结果。

2. 准确性

在实验报告中，学生需要确保所用的语言准确地反映实验结果和讨论的内容。学生需要正确使用科学术语和符号，并遵循实验报告写作的相关规范和标准，如正确使用引用格式、符号和单位等。评估者将检查学生是否能够确保其所用的语言完全准确，能够精确地传递实验结果和讨论的内容。

3. 简洁性

学生需要使用简洁、清晰的语言来表达实验结果和讨论。学生需要精简语言，避免冗长的描述，并将复杂的概念转化为易于理解的形式。评估者会检查学生是否能够使用简洁、清晰的语言，使实验报告更加易读。

4. 连贯性

学生需要使用恰当的连词和过渡语句来使实验报告的各个部分之间具有逻辑上的连贯性。学生需要建立段落之间的联系，使实验报告内容更加流畅和易于理解。评估者将检查学生是否能够合理地使用连接词和过渡语句，并确保实验报告各个部分之间有逻辑上的关联。

5. 规范性

学生需要遵循实验报告写作的相关规范和标准，包括正确使用引用格式、符号和单位等。学生需要在适当的位置提供必要的参考文献。评估者会检查学生是否遵守这些规范，并确保实验报告写作规范、规范化。

（五）其他因素

这部分可能会考虑学生参与度、团队合作能力、实验安全意识等因素。这些因素可能会对实验结果产生影响，所以也应该在评分体系中进行考虑。

1. 学生参与度

学生在实验中的参与度是评估实验能力的重要因素之一。评估者会检查学生是否积极参与实验，并且是否有足够的时间和精力来完成实验任务。评估者还可能考虑学生对实验原理和背景的了解程度，以及解决实验中出现问题的能力。

2. 团队合作能力

在团队实验中，评估者可能会考虑学生的团队合作能力。评估者会检查学生是否能够与组员协作完成实验任务，并能够有效地分工合作，以达到共同的目标。评估者还可能考虑学生在团队中的角色和责任，以及如何与其他组员进行良好的沟通和合作[33]。

3. 实验安全意识

实验安全意识也是评估学生实验能力的重要方面。评估者会检查学生是否具备实验室安全意识，是否知晓实验室规章制度，并能够正确使用实验室设备和试剂，以确保实验过程的安全性。评估者还可能考虑学生在紧急情况下的应对能力，以及如何预防实验事故的发生。

二、实验操作评分法

该评分方法是现场考核学生实验技能和实验流程的正确性和熟练度。评分体系应包括实验前准备、实验步骤、实验操作技能等因素，以确保学生掌握了正确的实验方法和技能。

（一）实验前准备

在实验前，学生需要仔细阅读实验手册和相关资料，了解实验的目的、原理、步骤和安全注意事项等。评估者会检查学生是否做好了实验前的准备工作，如准备实验器材和试剂、熟悉实验步骤和操作流程等。评估者还可能考虑学生对实验原理和背景的掌握程度，以及学生是否了解实验目的和流程。

1. 实验器材和试剂的准备

在进行实验前，学生需要准备好所需的实验器材和试剂，并确保它们的数量、规格和浓度符合实验要求。评估者会检查学生是否已经准备好实验所需的器材和试剂，并且能够正确地使用它们。例如，学生应该了解每个实验器材和试剂的用途和特点，以便选择合适的器材和试剂来进行实验。

2. 实验步骤和操作流程的熟悉程度

在进行实验时，学生需要按照实验手册中的要求正确执行实验，而且需要熟悉实验步骤和操作流程。评估者会考查学生是否熟悉实验步骤和操作流程，并能够按照实验手册中的要求进行实验。例如，学生应该知道如何准确测量、加注和混合试剂，并正确记录实验数据等。

3. 对实验原理和背景的掌握程度

为了更好地理解实验结果，学生需要理解实验原理和背景，并将其应用到实验中。评估者会考查学生对实验原理和背景的掌握程度，并能够将其应用到实验中。例如，学生应该了解实验关键参数的作用和相互关系，以便更好地理解实验结果。

4. 实验安全注意事项的了解

在进行实验时，学生需要遵守实验室的安全规定，并了解实验过程中的安全注意事项。评估者会考查学生是否了解如何正确使用实验器材和试剂，并能够在实验过程中保持安全和卫生。例如，学生应该知道如何正确佩戴实验室个人防护装备、处理废弃物品和化学品等，以确保实验过程的安全性。

（二）实验步骤

在进行实验时，学生需要按照实验手册中的步骤进行实验，并且能够正确地执行每个步骤。评估者会检查学生是否严格按照实验手册中的要求进行实验，评估者还可能考虑学生在实验中的时间管理能力，以确保实验能够顺利进行。

1. 操作顺序和方法的正确性

在进行实验时，学生需要按照实验手册中规定的操作顺序和方法进行实验。

评估者会检查学生是否了解每个实验步骤的意义和作用，并能够正确地执行每个步骤。例如，学生应该知道如何准确地混合试剂、加热反应体系和过滤等操作。

2. 实验所需参数的控制

实验手册中通常会指定反应时间、温度和 pH 值等参数，学生需要严格按照要求来控制这些参数。评估者会检查学生是否能够准确测量这些参数，以及能否在实验过程中精确控制这些参数，以保证实验结果的准确性和可重复性。

3. 实验时间管理的能力

在实验中，时间是非常重要的资源，评估者会考查学生是否能够有效地利用时间，以确保实验进度和效率。例如，学生应该了解实验中每个步骤所需的时间，并且能够根据实际情况做出调整，以保证实验按照计划进行。

（三）实验操作技能

在实验中，学生需要正确使用实验器材、测量和记录等实验操作。评估者会检查学生的实验操作技能，评估者还会考虑学生的实验数据记录和处理能力，以及是否能够合理解释实验结果。

1. 实验器材使用

在实验中，学生需要了解每个实验器材的用途和特点，并能够正确地选择和使用它们。评估者会检查学生是否能够正确识别不同种类的实验器材，并根据实验要求选择合适的器材。同时，评估者也会考虑学生是否能够正确地安装、组装和操作实验器材，以及保证实验器材在实验过程中不受到污染或损坏。

2. 测量

在实验中，学生需要进行必要的测量来获取实验参数。评估者会检查学生是否能够准确地测量实验参数，如温度、体积、质量等，并且能够使用正确的仪器和方法进行测量。评估者还会关注学生是否能够掌握测量仪器的正确使用方法和技巧，以及是否能够遵守正确的测量步骤和规范。

3. 实验数据记录和处理

在实验过程中，学生需要准确记录实验数据，并进行必要的处理和分析。评估者会检查学生是否能够正确记录实验数据，包括实验参数、结果和观察等，并能够对实验数据进行统计和分析。评估者还会考虑学生是否能够使用正确的数据处理和分析方法，以及是否能够合理解释实验结果，给出实验结论和建议。

三、实验口头答辩评分法

该评分方法要求学生在课堂上对实验过程、结果、分析及结论等方面进行口头答辩。评分体系应包括回答问题的深度和广度、口头表达能力等因素，以考查学生对实验知识的掌握和表达能力[2]。

（一）回答问题的深度和广度

评估者会提出一系列与实验有关的问题，要求学生进行回答。评分者会考查学生对问题回答的深度和广度，即学生能否充分回答问题，并且能够展示对实验知识的深刻理解。评估者还会观察学生是否能够从不同的角度、层面回答问题，以及是否能够将所学的理论知识与实验结果相结合，加深对知识点的理解和记忆。

1. 回答问题的深度

在回答问题时，学生需要对实验结果及其背后的原理进行深入分析、解释和评价。他们应该展示对实验中细节的关注，并对实验设计、步骤、数据分析等方面进行全面思考，以便给出具有说服力的回答。此外，学生应该提供实验的局限性和改进方法，并且能够解释这些改进措施的必要性。

2. 回答问题的广度

评估者希望学生能够从多个角度和层面回答问题。学生需要展示他们的知识广度，包括但不限于实验原理、实验设计、数据处理、错误来源以及可能影响实验结果的其他因素等。通过从不同角度回答问题，学生可以证明他们已经掌握了实验所需的重要概念、原理和实验技能。

3. 将所学的理论知识与实验结果相结合

评估者会注意学生是否能够将所学的理论知识与实验结果相结合，从而加深对知识点的理解和记忆。学生应该解释实验结果并将其与相关理论知识联系起来，以证明他们已经真正掌握了这些知识点，并且能够灵活应用到实验中。通过将理论知识与实验结果相结合，学生可以更深入地了解和记忆所学的知识点。

4. 表达能力和组织结构

评估者还会考察学生的表达能力和组织结构，包括回答的清晰度、逻辑性和连贯性等。学生需要注意回答问题的语言规范性和风格，以便让评估者在阅读时更容易理解和评估他们的回答。评估者也会注意学生的组织结构是否合理，以及学生是否严格按照问题要求回答问题。良好的表达能力和组织结构可以使回答更加清晰和易于理解，从而提高回答的质量和分数。

（二）口头表达能力

在回答问题的同时，学生需要具备良好的口头表达能力。评估者会注意学生是否能够清晰地表达想法，逻辑清晰，让听众易于理解。评估者还会看学生是否能够使用恰当的物理学术语和专业词汇，能否准确表述自己的意思，并且是否有一定的表现力和说服力。

1. 清晰度

在实验课中，学生需要将自己的想法和回答表述得清晰易懂，尤其是在传达重要信息时，应该避免用词含糊不清或结构混乱。良好的口头表达能力可以让听众更容易理解和记忆所说的话，从而提高沟通效率和准确性。

2. 逻辑性

学生的回答应该具备一定的逻辑性和条理性，可以按照问题的顺序组织回答，以便让听者能够较为容易地跟上思路。学生也可以使用说明、举例等方式来帮助听众更好地理解他们所说的内容，同时还可以展示出自己对问题的深刻理解和分析能力。

3. 学科术语和专业词汇

在实验课中，学生需要掌握一定的学科术语和专业词汇，以便将问题回答得更加恰当准确和专业化。使用正确的学科术语和专业词汇可以表明学生已经掌握了相关领域的知识，并且能够有效地与同行进行交流和沟通，展现出一定的专业素养和技能水平。

4. 表现力和说服力

学生需要通过语气、音调等方式来表达自己的情感和态度，并且表现出一定的说服力，以证明他们所说的话具有一定的可信度和可行性。在回答问题时，学生可以采用适当的语气和音调来表达自己对问题的看法和态度，同时还可以使用恰当的论据和证据来支持自己的观点，从而展示出自己的表现力和说服力。

（三）答辩态度

在实验口头答辩中，评估者也会考虑学生的答辩态度。评估者会观察学生是否认真对待答辩环节，是否积极主动地回答问题，并且是否对评估者的反馈做出积极回应。此外，评估者还会观察学生在答辩中的表现和自信程度，以及学生是否能够在有限时间内准确地回答问题。

1. 认真对待

学生需要在答辩环节中认真对待每一个问题，不应敷衍或懈怠回答。为了做到这一点，学生可以全神贯注听取问题，积极思考和分析问题，给出清晰、准确和具有说服力的答案。这不仅可以让评委更好地了解学生的知识掌握和实验技能，还可以展示出学生的态度和工作习惯。

2. 积极主动

学生需要在答辩中积极主动地回答问题，而不是沉默或回避问题。学生应该用自己掌握的知识和技能，以及自己的思考和分析来回答问题，展示出自己的学习成果和实验技能。这不仅可以让评委更好地了解学生的知识掌握和实验技能，还可以展示出学生的态度和工作习惯。

3. 与评委互动

学生需要能够与评委建立良好的交流和互动关系，接受评委的意见和建议并且做出积极回应。学生可以用自己的语言表达自己对问题的看法和态度，同时还需要尊重和理解评委的观点和建议。这可以促进学生与评委之间的良好交流，更好地了解自己在实验中存在的问题和不足之处。

4. 自信和表现力

学生需要在答辩中展现自己的自信和表现力，以证明他们具备一定的实验技能和学术素养。学生可以通过语气、音调等方式来表达自己的情感和态度，并且表现出一定的说服力，以证明他们所说的话具有一定的可信度和可行性。这可以让评委更好地了解学生的实验技能和学术素养，从而对学生作出更为准确和全面的评价。

5. 时间管理

学生需要在有限时间内准确地回答问题。在答辩过程中，学生需要合理分配时间，不耽误其他重要问题的回答，并且尽可能地将信息传递给评委。这可以让学生更好地掌握时间，提高答辩效率，同时也可以体现出学生的实验技能和工作能力。

四、实验考试评分法

该评分方法以闭卷或开卷形式进行实验考试，考核学生对实验知识的理解和应用能力。评分体系应包括试卷设置、考试难度、考试时间等因素，以确保考核的公正性和科学性。

（一）试卷设置

在实验考试评分中，评分者需要对试卷进行合理设计，包括对试题类型、难度、覆盖面与实际实验内容的匹配度等方面进行考虑。试卷应该根据实验的重点和难点来设置相应的试题，以全面、准确地评估学生的实验技能和学术素养。同时，不同层次学生的考试难度也应该有所区别。

1. 试题类型

在试卷设计中，应该考虑到多种不同类型的试题，以全面而准确地评估学生对实验知识的理解和应用能力。例如，选择题和填空题可以测试学生的基本概念和记忆能力；简答题和论述题则可以考查学生对实验原理的理解和分析能力。评分者通过综合考查多种试题类型，能够更全面地了解学生的实验水平和学术素养。

2. 难度和覆盖面

试卷的难度和覆盖面应该与实际实验内容的难度和覆盖面相匹配，以全面、准确地评估学生的实验技能和学术素养。试卷要根据实验的重点和难点来设置相应的试题，在试题难度上也要适度控制，避免出现过于简单或过于困难的试题。同时，试卷应该涵盖实验的各个方面，包括实验原理和步骤、数据处理和分析等，以便全面地考察学生的实验水平和学术素养。

3. 不同层次学生的考试难度

由于不同层次的学生具有不同的实验水平和学术素养，评分者需要根据不同层次的学生来设置适当难度的试题。对于高水平学生，试卷难度可以适当提高，以充分考察他们的实验技能和学术素养；而对于低水平学生，则应该在难度上进行适当降低，以避免因考试过于困难而导致失败。这样能够更全面、准确地评估学生的实验水平和学术素养，同时也能够激发学生的学习兴趣和积极性。

（二）考试难度

考试难度是一个关键因素，评分者需要控制好考试难度，避免出现过于简单或过于困难的试题。适当的考试难度可以激发学生的学习兴趣和积极性，同时也可以更好地评估学生的实验水平和学术素养。为了控制考试难度，评分者可以参考历年考试的难度和学生的实验水平来进行调整。

1. 激发学生兴趣和积极性

适当的考试难度可以激发学生的学习热情和动力。过于简单的考试会让学生感到无聊，缺乏挑战；而过于困难的考试则会让学生感到沮丧和失望。评分者应该根据学生实际水平和知识储备来确定适当的考试难度，以鼓励学生认真学习和思考。

2. 更好地评估学生水平

适当的考试难度可以更好地评估学生的实验水平和学术素养，从而更准确地反映他们的学习成果。如果考试难度太低，学生可能没有完全展示出自己的能力，评分者也很难对学生的优劣进行有效的区分和评价；如果考试难度过高，学生可能会因为时间不足或压力过大而表现不佳，评分者也难以准确地评估他们的水平。

3. 参考历年考试难度

评分者应该参考历年考试的难度来确定合适的考试难度，这可以帮助评分者保持一定的连续性，使得学生可以更好地适应考试难度。评分者可以根据历年考试的难易程度来调整试题难度，以确保考试难度与学生实际水平相匹配。

4. 参考学生实验水平

评分者还应该参考学生的实验水平和知识储备来确定考试难度，这可以保证考试难度与学生实际水平相匹配。对于不同层次的学生，考试的难度应该有所区别，以便更好地反映他们的实验能力和学术素养。

5. 多方面考虑

在确定考试难度时，评分者应该综合考虑多个因素，如题型、知识点、时间限制等，以确保考试难度合适。例如，如果一道题目涉及多个概念或技能，那么它的难度可能就比较高；如果一道题目只是单纯的记忆性内容，那么它的难度可能就比较低。此外，评分者还要考虑学生的时间限制和答卷方式，以确保考试的公平性和有效性。

（三）考试时间

评分者应该为学生设置充足的考试时间，以便学生有足够的时间思考和回答试题。同时，考试时间也需要控制在合理的范围内，以避免出现延长考试时间的情况。评分者可以根据试卷难度、试题数量、学生实验水平等因素来合理设置考试时间。

1. 控制考试时间在合理范围内

评分者应该根据试卷难度、试题数量、学生实验水平等因素来合理设置考试时间，以确保学生有足够的时间完成试卷。如果考试时间过短，学生可能会因为时间不足而无法完成试卷，导致评估结果失真；反之，如果考试时间过长，学生可能会出现粗心大意、倦怠等情况，影响他们的表现。

2. 根据试卷难度、试题数量、学生实验水平等因素来设置考试时间

评分者在设置考试时间时，应该综合考虑试卷难度、试题数量、学生实验水平等因素。如果试卷难度较高，需要给学生更多的时间来思考和回答问题；如果试题数量较多，也需要适当延长考试时间；而如果学生实验水平较低，也可能需要给他们更多的时间来完成考试。

3. 考虑到特殊情况进行调整

在一些特殊情况下，评分者可以根据实际情况进行考试时间的调整。例如，如果学生中有一部分人需要额外的时间来完成考试，评分者可以根据学生的需求来延长考试时间；或者如果考试过程中出现了意外情况（如停电、网络故障等），评分者也可以适当延长考试时间。

（四）评分标准

评分者需要根据事先设定的评分标准来对学生的答卷进行评分。评分标准应该明确、具体，以便评分者能够快速准确地对每个试题进行评分，并且保证评分的公正性和科学性。在制定评分标准时，评分者可以参考历年考试的评分经验和相关的实验教学大纲来进行调整[34]。

1. 评分标准的制定

在制定评分标准时，需要充分考虑试卷的难易程度、试题类型和答题时间等

因素，以确保评分标准的合理性和科学性。评分标准应该明确标注各个得分点，并指出每个得分点所要求的内容和得分范围。此外，应该根据题目类型确定不同的判分方式，如选择题或填空题应严格按照标准进行判分，避免主观性因素影响评分结果；而对于主观性较强的问答题或论述题，则需要考虑学生的表述能力和思考深度等因素。

2. 评分标准的说明

评分标准的说明应该包括每个选项或填空的正确答案，并标注每个选项或填空所对应的分值。同时，应该明确指出每个得分点所要求的内容和得分范围，以便评分者能够准确地判断学生的答案是否符合要求。这样能够使评分者可以更加明确地了解评分标准，从而提高评分的准确性和公正性。

3. 考虑因素

制定评分标准时，需要充分考虑试卷的难易程度、试题类型和答题时间等因素。这些因素会影响评分标准的确定，因此需要在制定评分标准时充分考虑它们。例如，对于难度较大的试卷，需要更加严格的评分标准；对于时间紧张的试卷，则需要更加简明扼要的评分标准。

4. 评分者的培训

为了保证评分结果的可信度和可靠性，评分者应该在评分前进行培训和练习，并尽可能地减少不同评分者之间的主观性差异。这样可以确保评分者能够熟悉评分标准，掌握正确的判分方式，提高评分的准确性和公正性。同时，也可以减少不同评分者之间的主观性差异，提高评分结果的一致性和可靠性。

（五）成绩反馈

评分者需要及时反馈学生成绩，以便学生及时了解自己的考试水平并且做出适当的调整。同时，评分者也应该为学生提供一些针对性的建议和意见，以帮助学生更好地掌握实验知识和技能。评分者可以通过面谈、书面反馈等方式向学生反馈成绩，并且提供一些有益的建议和意见，帮助学生更好地提高实验水平和学术素养。

1. 评分者及时反馈成绩的重要性

评分者应该在考试或作业结束后尽快反馈学生成绩，这有助于学生及时了解自己的表现和水平。及时的反馈可以让学生更好地了解自己的优点和不足，及时调整学习计划和提高成绩。此外，及时反馈可以增强学生的自信心和学习动力，让他们更加积极地投入到学习中去。

2. 提供针对性的建议和意见

评分者可以根据学生的表现和成绩，为其提供一些针对性的建议和意见，帮助学生更好地掌握实验知识和技能。这些建议和意见可能包括注意事项、易错点、学习策略以及如何提高实验技能等方面。通过这些建议和意见，学生可以更清晰地了解自己的薄弱环节并加以改进，从而提高实验水平和学术素养。

3. 使用多种方式进行成绩反馈

评分者应该使用多种方式向学生反馈成绩，以满足学生的不同需求和习惯。面谈是一种直接的方式，可以让评分者与学生交流和沟通，更好地了解学生的情况和问题。书面反馈可以让学生更方便地阅读、理解和消化评分者的建议和意见，并且可以保存下来作为日后参考。此外，评分者还可以通过电子邮件、电话等方式进行成绩反馈，以提供更加便捷和灵活的服务。

五、实验观察记录评分法

该评分方法为让学生对一个或多个实验现象进行观察，并记录相应的数据。评分体系应包括观察记录的准确性、完整性、规范性等因素，以考核学生的观察和记录能力。

（一）观察准确性

观察准确性是实验观察记录评分法中的一个关键因素，它要求学生观察实验现象时必须准确地记录数据并且避免出现主观偏差。评分人员可以通过对学生记录的数据进行验证来评估其准确性，如将学生观察结果与该实验现象的理论预期值或其他已知结果进行比较。

1. 准确记录数据

这是实验观察记录评分法中的一个重要因素，学生需要将实际测量到的数据准确地记录下来，包括数值、单位、符号等信息。如果学生记录错误或遗漏了关键的数据，可能会影响实验数据的可靠性和分析结果的准确性。

2. 避免主观偏差

学生在进行实验观察时需要尽可能避免主观偏差的影响。例如，他们应该以客观的态度观察实验现象，并不受自身感官、经验、信仰等因素的影响。此外，学生还应该注意消除实验设备、环境等因素对观察结果的干扰，以保证观察结果的客观性和准确性。

3. 对比预期结果

评分人员可以通过对学生观察结果与理论预期值或其他已知结果进行比较来评估观察准确性。如果学生的观察结果与理论预期值或已知结果相符，则说明他们具有较高的观察能力和准确性；反之，如果观察结果与预期存在显著差异，则需要评估学生是否存在观察误差或实验设计问题等。

4. 数据一致性检查

评分人员可以利用多组数据之间的比较来检测学生所记录的数据是否一致。

如果同一位学生记录的多组数据存在明显的差异，则说明学生的观察能力和准确性存在问题。此外，评分人员还可以通过与其他同学的数据进行比较，来检测学生所记录的数据是否符合实验结果的总体趋势。

（二）完整性

完整性是指学生是否记录了所有需要观察的数据。评分人员可以根据实验要求和预期结果来评估学生记录的完整性。如果学生漏掉了某些重要的细节或者没有记录完整数据，就会严重影响数据的分析和结论的准确性。

1. 观察要求

完整性首先取决于实验的观察要求，即学生需要清楚地了解实验中需要观察哪些数据。这需要学生在进行实验前认真阅读实验说明书，并理解实验目的、步骤及所需观察数据等信息。评分人员会根据实验要求来判断学生是否记录了所有需要观察的数据。

2. 数据记录

学生需要准确地记录每一个实验步骤和结果，包括实验过程中的各种观测数据和操作方法。为了确保数据记录的完整性，学生需要注意以下几点：

（1）对每组数据进行标记，以便后续检查和分析；

（2）记录数据时需要注意单位和精度；

（3）尽量使用符号或图表等方式简洁明了地记录数据。如果漏掉了某些重要的信息或者记录不完整，就会影响后续数据的分析和结论的准确性。

3. 结果分析

完整性还包括对数据的正确分析和解释。学生需要对实验结果进行全面、深入的分析，得出准确、可靠的结论并给出相应的解释。他们需要仔细比较实际观测数据与理论预期值之间的差异，并分析任何不符合预期的结果。同时，学生还应该识别出任何与预期结果不同的异常值或偏差，并对其进行合理的解释。这有助于评估实验结果的可靠性和准确性。

（三）规范性

规范性是指学生是否按照预定的格式或标准来记录数据。评分人员可以根据实验要求和指导要求来评估学生记录的规范性，如学生是否使用了正确的单位、符号、排版格式等。规范性的评估不仅可以提高实验数据的可读性，而且还有助于培养学生规范化的科学思维和表达方式。

1. 使用正确的单位和符号

学生在进行实验时应该使用与实验要求相符的单位和符号来记录数据。这样做可以避免混淆和误解，并且使得数据易于理解和比较。例如，在测量长度时，应该使用公制尺度单位（如 m、cm、mm 等）；而在测量电压时，应该使用标准电学符号（如 V、kV 等）。

2. 保持良好的排版格式

学生应该将所有数据和信息以清晰、有序的方式记录下来，以方便后续数据的检查和分析。他们可以使用适当的标题、子标题、编号、图表等工具来组织数据，使其易于理解和阅读。例如，他们可以使用表格来比较不同实验结果之间的差异，使用图表来展示数据的趋势和关系。

3. 遵守指导要求

在进行实验观察记录时，学生需要遵守实验指导书或教师要求的相关规定。例如，他们可能需要使用特定的表格、图表、计算公式等来记录数据，以确保数据的一致性和可比性。此外，学生还应该遵循实验安全规定，如戴上实验室安全眼镜或手套，以防止实验过程中发生意外。

（四）语言表达能力

语言表达能力是指学生使用的语言是否清晰、简明易懂、条理清晰等。评分人员可以根据学生使用的语言和表达方式来评估其语言表达能力，如学生是否用正确的术语和句式来阐述实验现象、数据和结论，并且是否能够清楚地表达自己的思路和观点。语言表达能力的评估不仅可以提高实验报告的质量，而且还有助于培养学生有效的沟通能力和科学文献阅读能力。

1. 语言的清晰度

学生在撰写实验报告时需要使用简洁明了、准确清晰的语言来描述实验现象、数据和结论。评分人员会根据学生所使用的词汇是否正确、用词是否简明、语法是否正确等因素来评估其语言的清晰度。通过使用正确的语言表达方式，学生可以使实验报告更加易于理解和阅读，让读者快速地了解实验过程和结果。

2. 术语和句式的运用

学生需要掌握科学术语和句式，以便准确地描述实验中的现象、数据和结论。评分人员可以评估学生是否运用正确的科学术语，以及是否使用恰当的句式来呈现信息。通过正确地运用科学术语和句式，学生可以使实验报告更加专业和有条理，并且能够传达出更加准确和详细的信息。

3. 思路和观点的表达

良好的语言表达能力也包括清晰地表达自己的思路和观点。评分人员可以评估学生是否能够清晰地陈述实验过程的步骤，以及如何得出结论。通过清晰地表达思路和观点，学生可以使实验报告更加连贯和有说服力，并且能够展现出自己的科学思维和判断能力。

4. 文献阅读和写作规范性

撰写实验报告需要遵循一定的文献阅读和写作规范，如引用外部资料、标注图表和表格、遵守格式要求等。评分人员可以评估学生是否具备遵守规范的能力，以及是否能够在实验报告中正确地引用资料和标注图表和表格[35]。通过遵守规范，学生可以使实验报告更加正式和专业，并且能够让读者更加信任实验结果。

第三节　实验教学质量的评价与监控

一、实验设计与安排

实验设计需要具备科学性、可操作性和创新性，以确保能够有效地达到教学目标。评价实验设计是否具备科学性主要考察实验研究内容的严密性、假设的合理性及实验方法是否符合科学原则；可操作性则强调实验设计的具体性，包括实验流程、实验步骤、实验材料和设备等方面的安排是否合理、具有可行性；创新性则体现在实验设计上是否有独到的思考或新颖的思路。在实验安排方面，需要监控实验的安排是否合理、仪器设备是否完好。实验安排的合理性主要考虑实验时间的安排、实验地点的选择、实验人员的分配等问题；对于仪器设备的检查，则需要确保仪器设备符合使用要求，有必要时进行维护和校准，以保证实验进行得顺利和准确。

（一）实验设计

1. 实验内容的严密性

科学研究要求实验内容必须能够有效地解决研究问题，因此实验设计必须确保实验数据的可靠性和精度。具体来说，实验需要设计合理的控制组和实验组，以便比较其差异并得出结论。在实验过程中，需注意实验条件的统一性和实验的重复性，以降低实验误差。此外，采用双盲实验等方法可以减少主观因素对实验结果的影响。

2. 假设的合理性

实验设计必须基于明确的假设，这些假设必须可以被测试并验证。假设需要具有可验证性和可证伪性，以便确定其有效性。在实验设计中，需要根据研究问题提出清晰、明确的假设，并设计实验方法来测试这些假设。如果实验结果不能支持假设，则需要重新考虑假设的合理性。

3. 实验方法的符合科学原则

实验方法必须遵循科学原则，包括正确选择实验材料和仪器设备，以及采用适当的控制方法来排除实验中可能出现的干扰因素。具体来说，应该选择适合实验目的的实验材料和仪器设备，并在实验前进行校准和质量控制。此外，需要采用适当的对照组和盲法来排除实验中可能出现的干扰因素，并确保实验过程的标准化和重复性，从而获得可靠、准确的实验结果。

（二）实验安排

1. 实验时间的安排

实验时间必须充分合理地安排，以确保实验能够按计划进行，同时避免实验过程中出现任何问题。在安排实验时间时，需要考虑实验设计的复杂程度、实验所需的时间、人力和物力等方面的因素，以及实验期间可能发生的不可预见事件。此外，还需要合理规划实验的流程，以确保实验可以高效地完成。

2. 实验地点的选择

实验地点必须符合实验要求，如室温、湿度、气流等条件必须得到满足。具体来说，应该选择适当的实验室或场地，并确保实验场所符合相应的安全标准和规定。如果实验需要使用特殊设备或材料，则还需要考虑设备和材料的存储和运输条件。

3. 实验人员的分配

实验人员必须具有相应的技能和经验，以便正确并高效地执行实验任务。在指派实验人员时，需要根据实验的性质和要求，选择具备相应技能和经验的人员进行实验。此外，实验人员还必须遵守实验守则，并严格遵守实验安全规定，以确保实验过程的安全性和可靠性。如果实验需要多人协作完成，则还需要合理分配任务和岗位，确保实验协作顺畅、高效。

二、实验操作与数据处理

实验操作指导应该清晰易懂，易于理解，并能提高学生的实验操作能力。需要评价学生实验操作能力是否得到提升，并监控学生是否按照规定的流程进行实验。同时，需要确保数据记录准确无误，数据处理符合实验要求。评价学生实验操作能力时，需要考虑学生是否能够熟练地使用实验设备、掌握实验操作的流程和步骤；同时，还需考查学生在遇到实验中出现的问题时是否能够及时有效地解决。

（一）实验操作指导

实验操作指导需要清晰易懂且易于理解。为此，可以采用具体的步骤描述、图示、视频等方式进行讲解和演示，以确保学生能够了解并掌握实验的操作流程和步骤。此外，实验操作指导还应包括安全注意事项和常见问题解答等，在实验中避免出现不必要的意外和错误。

1. 实验步骤描述

在实验指导中，需要提供清晰明确的指导，包括所需器材、操作方法、时间要求等。每个步骤应该简明扼要，以免引起混淆或遗漏。要注意指导语言清晰易懂、避免使用模棱两可的词汇和术语，同时还应该提供真实可行的实验步骤，让学生能够进行操作并完成实验任务。

2. 图示

对于实验器材的摆放、操作过程的演示等，可以采用相关图片、图表、示意图等方式来展示，这样有利于学生更加直观地理解实验内容和流程。要注意图示要简洁明了，图示上的标注清晰，并且和实验步骤描述相一致。

3. 视频教学资料

对于一些较为复杂的实验操作，可以提供相关视频教学资料，详细演示实验过程，并重点强调注意事项和技巧。视频可以由老师或助教录制，也可以引用相关优质教学资源。要注意视频教学资料的质量，必须保证清晰度和可视性，并配合文字说明。

4. 安全注意事项

在实验操作指导中，必须包含实验安全方面的注意事项，如防火、防爆、防毒、防电击等。同时还应强调学生在实验过程中应该注意的其他方面，如实验室卫生、实验器材的正确使用与保养等。要求必须详尽准确，以确保学生能够遵循安全规定并正确操作实验。

5. 常见问题解答

在实验操作指导中，还可以预设一些常见问题的解答，并对常见错误进行排查和纠正。这样有助于学生更加顺利地完成实验任务，并提高实验操作技能。要求解答清晰明了，排查的错误要具体化、针对性强，增加学生对实验操作过程的理解和掌握。

(二) 学生实验操作能力的评价和监控

对于学生实验操作能力的评价和监控，可以采取多种方式。其中一种方法是通过观察学生在实验室的实际操作过程来监控其是否按照规定的流程进行实验，并及时给予指导和纠正[15]。另外，可以设置实验报告或问卷调查等方式来收集学生的反馈和建议，以进一步提高实验操作指导效果，并及时发现和解决问题。

1. 实际观察

实验教师可以通过实际观察学生在实验室的实际操作过程来监控其是否按照规定的流程进行实验，并及时给予指导和纠正。在学生进行实验操作前，教师应向学生清晰地介绍实验步骤、注意事项和安全提示等，引导学生正确操作。在实验操作中，教师可以观察学生的操作方式、动作规范、仪器使用情况等方面，及时发现并指出学生存在的问题并给予指导。同时，在实验操作结束后，教师还应该与学生一同回顾实验操作并总结经验，加深学生对实验内容的理解和记忆。

2. 实验报告

通过学生提交的实验报告，可以了解学生实验操作的情况并进行评价。实验报告要求学生详细描述实验操作流程、结果分析和结论等内容，同时可以要求学生附加实验过程中遇到的问题及其解决方法等。通过实验报告的评阅，教师可以了解学生的实验操作水平并及时给予指导。针对实验报告中出现的错误和不足之处，教师可以帮助学生纠正和改进，提高实验操作水平和学生的写作能力。

3. 问卷调查

学生对实验教学过程的反馈和建议也可以为实验操作能力的评价提供参考。通过设置问卷调查，可以收集学生对实验教学的意见、感受和建议等，了解学生的需求和期望。根据学生的反馈和建议，教师可以改进实验教学方式，提高实验操作指导效果。同时，问卷调查还可以让学生更好地了解自己在实验操作中存在的不足之处，并加以改进。

4. 学生自我评价

鼓励学生对自己的实验操作进行自我评价。通过让学生自我检查实验操作流程和结果分析等，可以帮助学生建立正确的实验操作习惯和思维方式，并及时纠正不足之处。在学生自我评价中，教师可以引导学生认真分析自己在实验操作中所面临的问题并设法加以改进。此外，学生自我评价也可以增强学生的自我意识和自我管理能力，有利于他们更好地规划学习和实验操作。

（三）数据记录与数据处理

在实验数据记录方面，需要确保数据准确无误、完整可靠，并符合实验要求。为此，可以采用实验记录本、电子表格等方式进行数据记录。在数据处理方面，需要根据实验设计和要求进行常规的数据处理操作，如统计分析、图表绘制等。同时，在数据处理过程中应注意保护数据的安全性和保密性，避免数据被泄露或误用。

1. 选择适当的数据记录方式

在实验中采用合适的数据记录方式非常重要，可以根据实验的具体情况和需要进行选择。一般来说，可以使用实验记录本、电子表格等方式进行数据记录。实验记录本可以记录实验的所有细节和结果，并且记录本很便于携带和保存；而电子表格可以方便地对数据进行整理和分析，更加高效和易于管理。

2. 确保数据准确无误、完整可靠

在记录数据时，应该仔细检查每一个数据项的准确性和完整性，以确保数据没有漏写、错写、重复等问题。此外，还应注意遵循单位制，确保所有数据都按照相同的标准以相同的单位记录。

3. 符合实验要求

实验记录应该按照实验要求进行记录，包括记录内容、格式、单位等方面，以确保数据的可比性和可分析性。实验记录信息应完整、准确，并且可读性好，以方便后续的分析和讨论。

4. 数据处理的常规操作

数据处理是实验的关键环节之一，应根据实验设计和要求进行常规的数据处理操作，如统计分析、图表绘制等，以便更好地分析实验结果。此外，应该采用合适的数据处理方法，如相关性分析、回归分析等。

5. 保护数据安全性和保密性

在数据处理过程中，应注意保护数据的安全性和保密性，避免数据被泄露或误用。可以采取措施如加密、备份、限制访问等来保障数据的安全性和保密性。此外，还要严格遵循相关法律法规和实验守则，确保实验数据的正确使用。

三、实验报告与分析

实验报告是对实验过程和结果进行总结和归纳的重要方式，学生需要具备良好的书写、数据分析和结论推理能力。同时，也需要监控学生是否对实验结果进行了深入分析，结论是否合理且有科学依据。在评价学生实验报告时，需要考虑实验报告的格式是否规范、内容是否准确完整、表述是否简明清晰等因素；数据分析方面则需要评价学生是否能够正确地选择和运用数据处理方法，并能够对数据处理结果进行有意义的解释；结论推理能力则体现在学生是否能够根据实验结果得出合理的结论，并能够给出相应的科学解释和证据支持。

（一）格式是否规范

实验报告的格式应该遵守学校或者教师给出的规范化要求。通常情况下，实验报告的格式包括标题、作者、摘要、引言、方法、结果、讨论、结论和参考文献等部分。在书写中需要注意字体、字号、行距等方面的设置，并确保报告中段落结构清晰，用词准确，语句通顺、简明清晰。

1. 格式要求

实验报告的格式应遵守学校或教师给出的规范化要求。具体来说，学校或教师可能会要求报告采用特定的文本编辑软件、字体、字号、行距等，并规定报告各部分的标题和编号方式。此外，还可能要求在报告中使用特定的图表、公式、符号等。

2. 报告组成部分

通常情况下实验报告包括以下几个部分：

标题：简明扼要地概括报告内容。

作者：指明报告的作者或者小组成员。

摘要：对报告进行简要综述，包括研究目的、方法、结果和结论等内容。

引言：介绍研究的背景和意义，阐述研究的目的和假设。

方法：描述实验的设计和步骤，包括实验对象、样本选取、数据收集和处理等。

结果：展示实验的结果，可能通过表格、图表、图片等形式呈现。

讨论：对实验结果进行解释和分析，探讨研究的局限性和未来研究的可能性。

结论：总结实验结果，回答研究问题，提出实践建议。

参考文献：列出引用的相关文献。

3. 字体设置

在书写中需要注意字体、字号、行距等方面的设置。一般来说，报告中正文部分采用宋体或者仿宋字体，标题和小标题采用黑体或者楷体，字号一般为小四或五号，行距一般为 1.5 倍或 2 倍。此外，还应注意字体和字号的统一性，避免使用过多的特效和花哨的排版。

4. 文字表达

确保报告中段落结构清晰、用词准确、语句通顺、简洁明了。具体来说，可以采用以下方法：

段落结构清晰：每个段落只讨论一个主题，并用一个主题句进行概括。不同段落之间要有逻辑关联，形成连贯的文本。

用词准确：使用准确、恰当的科技词汇，避免模棱两可或者含糊不清的用词。

语句通顺：确保语句结构清晰，避免过长或者过于复杂的句子，使用标点符号和连接词使语句更加流畅。

简洁明了：尽可能用简洁明了的语言表达，避免使用过多的修辞和形式化的文字。

（二）内容是否准确完整

实验报告应该准确且完整地呈现实验的目的、方法、结果和结论，以确保不遗漏关键信息。在撰写过程中，需注意数据的来源和处理方法，避免在报告中出现没有实验证据或者不可靠的信息。此外，还要注意不要省略重要的实验步骤和实验条件等内容，以确保实验数据的准确性和科学性。

1. 目的

实验报告中的目的部分应该明确地描述实验的研究问题、背景和意义。这部分应该清晰而简洁地表达出实验的主要目的，为什么需要进行这项实验以及实验的预期结果。一个好的目的陈述可以帮助读者更好地理解实验的重要性和价值，并使得实验结果更具有说服力。

2. 方法

实验报告的方法部分是对实验设计、所用设备和材料、实验步骤、数据采集和处理方法等细节的详细描述。在这一部分中，需要提供足够的信息，以便其他人能够复制实验并获得可重复的结果。在描述实验步骤时，需要注意时间、温度、压力和其他变量的准确测量，并描述实验的控制变量方法和任何实验条件的限制。

3. 结果

实验报告的结果部分包括实验数据的详细信息，如表格、图表、影像等，应根据实验设计来组织这些数据。此外，还需要描述数据来源的可靠性和数据的处理和分析过程，以确保结果的准确性和可信度。在结果部分中，还需要注明显著性检验和误差分析等内容，以帮助读者理解数据的统计显著性程度和误差范围。

4. 结论

实验报告的结论部分应该对实验结果进行分析和讨论，并提出一定的结论。在这一部分中，需要回答实验问题、总结实验结果、解释实验数据和探讨实验中的不确定因素。需要注意的是，结论应该根据数据进行推导和支持，不能超越数据本身的范围。最后，结论应该与实验的目的和预期结果相符合，从而使得实验更具有说服力。

（三）数据分析是否得当

学生应该能够选择和运用合适的数据处理方法，并且掌握基本的统计学知识来解读实验结果。在数据分析过程中，还需要注意数据来源的可信度、误差范围等因素，以确定实验结果的科学性和可靠性。同时，还需注意不要在报告中夸大实验结果的影响，避免出现结论不准确或不符合事实的情况。

1. 选择合适的数据处理方法

在选择数据处理方法时，需要考虑数据的类型。对于数量型（数值型）数据，通常使用统计学方法进行处理，如描述统计和推断统计；对于质量型（分类型）数据，则需要使用其他方法，如频率分析和卡方检验等。此外，还可以使用一些高级技术，如回归分析、因子分析和聚类分析等，来进一步探索数据集。

2. 掌握基本的统计学知识

在进行数据分析时，需要了解一些基本的统计学概念，如中心趋势度量（如均值和中位数）、离散程度度量（如标准差和方差）、相关系数和假设检验等。掌握这些概念有助于正确地运用统计方法来解释数据集，并能够准确地评估实验结果的可靠性。

3. 注意数据来源的可信度

在收集数据时，应该确保数据来源的可靠性。数据可以来源于实验记录、文献资料、民意调查等，但不同来源的数据可能具有不同的偏差和误差。为确保实验结果的科学性和可靠性，需要仔细评估数据来源的可信度，并尽可能减少数据采集过程中出现的偏差和误差。

4. 考虑误差范围

在进行数据分析时，需要考虑误差范围或可信区间。这是因为在现实中，我们很难获得完全准确的数据，因此需要通过一些方法来估计数据集的真实值与样本值之间的差异。置信区间可以用来估计误差范围，而具体的置信区间取决于样本大小、显著性水平等因素。

5. 避免夸大实验结果的影响

在撰写实验报告或论文时，应该避免夸大实验结果的影响并保持客观。这意味着不应该简单地从数据中得出结论，而是需要对数据进行详细的分析和解释，并考虑可能存在的偏差和不确定性因素。此外，还需要注意选择恰当的图表和统计方法来展示数据，以便读者更好地理解实验结果。

（四）结论推理能力

学生需要能够根据实验结果得出对实验目的和假设的合理结论，并给出相关的科学解释和证据支持。在撰写实验报告的过程中，还需注意避免过度解读实验数据或者夸大实验结果的影响，以确保结论与实验结果的一致性和可靠性。此外，学生还应该能够把实验结果与先前研究结果进行比较和讨论，并提出进一步的研究方向。

1. 得出合理结论

在实验结果分析和解释过程中，学生需要根据实验目的和假设，结合实验数据进行合理的推理和归纳，从而得出合理的结论。具体来说，学生需要注意以下几点。

（1）结论应与实验目的和假设相符，不篡改或曲解数据。在实验结束后，得出的结论必须与实验目的和假设相符。这意味着，结论不应该是为了满足研究人员的期望或偏见而篡改或曲解数据。所有数据都应该被充分收集和分析，以便得出准确的结论。

（2）需要对实验数据进行充分的分析和比较，在得出结论前避免过于片面或简单。在得出结论之前，需要对实验数据进行充分的分析和比较。这有助于避免从单一的数据点或仅仅几个数据点得出过于片面或简单的结论。通过比较不同的数据点、控制组和处理组之间的差异，可以更准确地得出结论。

（3）结论应考虑实验数据的可靠性以及实验方法的局限性，并注意误差或偏差。结论应该充分考虑实验数据的可靠性以及实验方法的局限性。这意味着，在得出结论时需要注意数据的来源、采样方法和统计分析方法等因素。此外，还需要针对可能存在的误差或偏差进行适当的说明，以便读者了解实验结果的可靠性和准确性。

2. 给出相关的科学解释和证据支持

为了使结论更加可信和可靠，学生需要给出相关的科学解释和证据支持。具体来说，学生需要注意以下几点。

（1）数据解释应严谨准确，不能模棱两可或含糊不清。在进行实验数据解释时，需要避免使用含糊不清或模棱两可的语言。解释应该明确、清晰地表达实验结果，并排除任何可能引起误解的因素。如果某些数据仍然存在争议或不确定性，也应该说明这一点。

（2）引用先前的研究成果或公认的科学理论，使得结论更有说服力。为了支持实验结论的可信度和说服力，需要引用先前的研究成果或公认的科学理论。这种引用可以帮助读者理解实验结果的背景和相关的理论基础，从而更好地理解结论的逻辑和依据。

（3）注意证据的可靠性和适用性，避免出现不当引用或过度解读的情况。在提供证据支持实验结论时，需要注意证据的可靠性和适用性。需要挑选最可靠、最具代表性的数据来支持结论，并避免引用不当或过度解读数据的情况。在提供证据支持时，需要详细描述数据来源和采集方法，并根据实验条件和限制进行适当的讨论。

3. 避免过度解读实验数据或者夸大实验结果的影响

为了保证结论的真实性和科学性，学生需要避免过度解读实验数据或者夸大实验结果的影响。具体来说，学生需要注意以下几点。

（1）保持客观中立，避免主观臆断和过度推测。在对实验数据进行分析和解释时，需要保持客观中立的态度，避免受到主观偏见或过度推测的影响。应该尽可能根据实验数据本身给出结论，并避免从个人经验或预设假设出发进行解释。

（2）不忽略任何可能存在的误差或偏差，并在结论部分中进行适当讨论和说明。在对实验数据进行分析和解释时，不应忽略任何可能存在的误差或偏差。这些因素可以影响最终的结论，并可能使得实验结果失去可信度。为了提高结论的准确性和可信度，在结论部分中应对这些因素进行适当的讨论和说明。

（3）不夸大实验结果的影响，根据实验数据给出合理、客观的结论。在实验结论中，应根据实验数据给出合理、客观的结论，而非通过夸大实验结果的影响来强化结论的说服力。这可以通过使用适当的实验方法、数据采集和分析技术以及有效的实验设计来实现。在结论部分中，应该根据实验数据本身给出一个合理的解释，并避免使用夸张或不切实际的语言来描述实验结果。

4. 将实验结果与先前研究结果进行比较和讨论，并提出进一步的研究方向

为了更好地评估实验结果的意义和贡献，学生需要将实验结果与先前的研究成果进行比较和讨论，并提出进一步的研究方向。具体来说，学生需要注意以下两点。

（1）比较和讨论实验结果时需要注意可比性和差异性，并对相关因素进行适当分析和解释。在比较和讨论实验结果时，需要注意实验数据之间的可比性和差异性。这可能涉及样本大小、实验条件、测量指标等因素。应该充分考虑这些因素，并对它们进行适当的分析和解释。此外，还需要避免简单地将实验结果与先前研究进行比较，而忽略了实验条件的差异。

（2）提出进一步研究方向时需要根据实验结果和先前的研究成果，明确问题和目标，并合理制定研究计划和方法。这意味着需要首先评估当前实验结果的限制和局限性，然后确定下一步研究的具体目标和研究方向。同时，需要考虑实验条件、数据采集和分析方法等因素，并根据这些因素合理制定研究计划和方法。在提出进一步研究方向时，还需要充分参考先前的研究成果，避免将研究局限于当前实验结果。

第四节　大学物理实验教学考核与评价的创新模式

除了传统的考试、报告和实验操作等方式，对大学物理实验教学进行创新性的考核与评价，还可以引入项目化考核、反思式评价、开放式考核、虚拟实验评价以及多元化考核等模式。通过这些创新性的方式，可以更好地激发学生的兴趣和主动性，培养实验能力和综合素质，提高教学质量。同时，这些模式也能够更全面、准确地评估学生的实验能力和综合素质，并能够促进学生的自我认知和持续学习。

一、项目化考核

将学生分组，让他们自主选择一个具有一定难度的物理实验项目，并规定一定的时间完成。在该模式下，教师可以提供多个实验项目供学生选择，也可以让学生根据自己的兴趣和能力进行自主设计。除了考察实验结果和数据处理能力外，还能够考察学生的团队协作和项目管理能力[36]。

（一）实验项目的选择

教师可以提供多个实验项目供学生选择，这些实验项目应该具有一定难度，能够挑战学生的实验技能和思维能力，同时也要符合课程目标。此外，教师还可以让学生根据自己的兴趣和能力进行自主设计，这样能够更好地激发学生的创新能力和探究精神。

1. 实验项目的选择标准

教师应该根据学科目标来选择实验项目，确保实验的难度与学生的能力相匹配。实验项目应具有一定难度，能够挑战学生的实验技能和思维能力。同时，教师还需要考虑学生的年级、学科水平和实验经验等综合因素，以确定实验难度。

2. 实验项目的种类

实验项目可以根据不同的学科进行分类，如物理、化学、生物等；同时，也可以根据实验目的进行分类，如验证某个理论、研究某个物质或现象、探究某个问题等。

3. 学生自主设计实验项目

学生可以根据自己的兴趣和能力自主设计实验项目。这种做法不仅能够增强学生的主动性和参与度，还能够促进学生的创造力和解决问题的能力。

4. 实验项目的安全性和可行性

教师需要确保实验材料、设备和环境等方面的安全，防止实验过程中发生危险事故。同时，教师还需要确保实验项目的操作流程、数据记录和结果分析等方面的可靠性和准确性，以确保实验结果的科学性和可信度。在确定实验项目时，教师应该充分考虑这些因素，以保证实验的安全性和可行性。

（二）分组方式

学生可以自由选择组队，也可以由教师进行组合。不同的学生有着不同的性格、思维方式和工作习惯，因此教师在进行分组时应该考虑到这些因素，尽量让每个小组成员之间协作顺畅，互相补充优势。

1. 随机分组

随机分组是指教师根据班级或学科等标准，将学生随机分配到小组中。其优点在于公平、简单易行，能够避免一些不必要的争议和不满。但是，随机分组也可能存在小组成员之间性格、思维方式和工作习惯不匹配的情况，对协作效果产生负面影响。

2. 按能力水平分组

按学生的能力水平进行分组，可以使每个小组成员在合适的范围内形成相对均衡的协作关系，从而提高小组协作效果。然而，这种方法也可能会导致部分学生产生自卑心理或者感到排斥，对他们的学习积极性产生不良影响。

3. 按兴趣爱好分组

按照学生的兴趣爱好进行分组，可以激发学生的学习积极性和创造力，促进他们在合适场合下的自我展示和发挥。同时，这种方法也有可能存在小组成员间的能力差异较大，需要教师及时跟进并给予引导。

4. 自由选择分组

自由选择分组是指学生自主选择组队，可以根据自己的认知和需求来选择小组成员。这种方法可以增强学生的主动性和自我管理能力，激发他们的自尊心和学习热情。但是，在实际操作中也可能存在小组成员之间合作困难的情况，需要教师及时干预解决。

（三）时间规定

完成一个具有一定难度的物理实验项目需要一定的时间，教师应该预先规定一个时间限制，使得学生有明确的时间安排，有目标地去完成任务。同时，时间限制也能够促使学生更加高效地工作，增强他们的时间管理能力。

1. 时间规定的目的

时间规定的主要目的是让学生有明确的任务目标和时间安排，从而帮助他们更加高效地完成实验项目。通过设定时间限制，学生可以在有限的时间内集中精力完成任务，增强自己的工作效率和管理能力。此外，时间规定还有助于培养学生良好的时间管理习惯，让他们逐渐形成规律的学习和工作方式。

2. 时间规定的考虑因素

教师在规定实验项目的时间限制时需要考虑多方面因素。首先是实验项目的难度，这会直接影响到实验的完成时间。同时，教师还需要考虑学生的实验经验和水平，以及他们在课余时间安排上的特殊需求和事项。此外，教学计划的安排也是一个重要因素，需要根据教学进度和学生的时间安排来确定实验项目的时间限制。

3. 时间规定的具体方法

教师可以根据实验项目的不同设置不同的时间限制。一般来说，时间限制应该设定在相对紧张但又合理的时间范围内，让学生在这个时间内尽可能地完成实验任务。教师也可以根据实际情况进行适当的调整，如延长时间限制或提前截止日期等，给予学生一定的弹性。

4. 时间规定的注意事项

教师在规定实验项目的时间限制时需要注意以下几点。首先，不要过分严格，否则会给学生造成过度的压力，影响实验结果和学习效果；其次，不要太宽松，否则可能会让学生产生懈怠和拖延的心态，影响实验任务的完成质量；最后，需要与学生充分沟通，了解他们的时间安排和特殊需求，并尽可能地为他们提供支持和帮助。这样能够增强学生的主动性和积极性，提高实验任务的完成率和效率。

（四）能力考核

除了考察实验结果和数据处理能力外，教师还可以从团队协作和项目管理能力等方面对学生进行考核，这样可以更全面地了解学生的整体素质和潜力。同时，也可以根据学生的表现给予针对性的指导和反馈，帮助他们进一步提高自己的能力和技能。

1. 团队协作能力考核

教师可以考查学生在团队合作中的表现，如沟通、领导力、协调能力等。观察学生在小组任务中的表现，如是否积极参与讨论、是否愿意倾听他人的意见、是否能够有效地解决团队内部矛盾等；考查学生在实验室或项目中的角色和职责，如是否按时完成任务、是否主动承担额外的工作、是否有协作精神等；给予团队评估表，让每个成员对其他成员的表现进行评价，从而了解每个学生在团队中的贡献和影响。

2. 项目管理能力考核

教师可以考查学生在项目中的计划、执行和控制能力，如任务分配、资源管理、风险控制等。要求学生在实验或项目中制定详细的计划，包括时间表、资源需求、风险评估等，并进行及时调整和更新；观察学生在项目中的执行能力，如是否按照计划完成任务、是否能够高效地解决问题、是否能够发现并避免潜在的风险等；考查学生在项目中的控制能力，如是否能够识别和处理进度延误、资源冲突等问题，以及采取何种措施来解决。

（五）教师指导

在项目化考核过程中，教师应该扮演着重要的角色，及时为学生提供必要的指导和支持，帮助他们克服遇到的问题和难点。但是，教师也要尽量保持适度干预，让学生有足够的自主性和创新空间，这样才能真正发挥学生的潜力和创造力。

1. 明确任务目标

教师应该与学生一起讨论并明确任务的目标和要求，这有助于学生更好地理解任务的背景和意义。通过帮助学生认识到任务的重要性和目标，教师可以激发学生对任务的兴趣和动力，使他们更愿意投入时间和精力来完成任务。教师还可以与学生共同探讨任务的难点和挑战，以便学生能够在完成任务时有针对性地解决问题。

2. 提供资源和技术支持

教师应该为学生提供必要的资源和技术支持，以便他们能够成功地完成任务。例如，教师可以协助学生获取相关的图书馆资料、实验室设备、专业知识等。此外，教师还应该提供必要的技术指导和培训，以便学生可以熟练地使用工具和软件。这将有助于学生在完成任务时更高效和有效地使用相关资源和技术支持。

3. 监督进度和质量

教师可以通过定期会议、检查学生的工作成果等方式来监督学生的进度和质量。这可以确保学生按时完成任务，并达到预期的质量标准。

然而，教师在指导学生时也需要注意适度干预，以保持学生的自主性和创新空间。具体包括：

（1）给予足够的自由度。教师应该让学生有足够的自由度，允许他们选择自己的方向和方法。这可以激发学生的创造力和独立性，并帮助他们更好地实现自己的目标。

（2）鼓励学生主动探索。教师应该鼓励学生主动探索问题，并提供必要的支持和指导。这有助于培养学生探究精神和解决问题的能力。

（3）提供反馈和建议。教师可以针对学生的工作成果提供具体的反馈和建议，以帮助他们改善和提升自己的工作。同时，也要鼓励学生根据自己的想法和经验不断调整和改进自己的方案。

二、反思式评价

在实验结束后，要求学生写出一份反思报告，分析实验中遇到的问题以及解决方案，并在报告中进行自我评价。这种模式可以让学生对实验过程和实验结果进行更深入的思考和总结，提高其自我认知水平。

（一）实验过程中遇到的问题

学生需要描述实验中遇到的困难和挑战。这些问题可能包括技术方面的困难，如设备或材料的不足或故障、操作技能不足等；也可能包括方法论上的问题，如实验设计不完善、数据分析不准确等。学生还需要分析这些问题对实验结果产生的影响，如导致数据失真或误差增大等。

1. 技术方面的问题

在描述技术方面的问题时，学生应该清晰地陈述实验设备或工具出现了什么样的故障或问题。他们需要提供任何可能导致问题出现的原因，以便帮助其他人理解问题的本质和可能的解决方法。例如，如果实验设备出现故障，学生可以描述哪些部件无法正常工作，并说明可能的原因，如使用过期的电池或者未正确连接电缆。为了更好地描述问题，学生还可以采取以下措施：

（1）使用图片或视频记录故障现象，以便其他人更好地理解。

（2）详细查看设备或工具的规格书和说明书，以确定是否有特殊的使用要求或限制。

（3）执行诊断过程，以进一步确定问题的根本原因。

2. 方法论上的问题

当遇到方法论上的问题时，学生应该考虑为什么选择某种实验方法和步骤，以及这些方法和步骤是否能够产生准确和可靠的结果。学生可以详细阐述所选方法的原理和逻辑，并解释为什么认为这些方法和步骤是正确的。此外，如果有可能，学生也应该提供替代方案并解释其优点和缺点。为了更好地描述这些问题，学生可以考虑以下措施：

（1）详细说明所选方法和步骤的优点和限制，并说明如何确定最佳实验设计。

（2）对比和评估不同的实验设计和方法，以确保选择了最准确和可靠的方案。

（3）考虑简化或改进所选方法和步骤，以提高实验效率和准确性。

3. 影响实验结果的问题

当出现可能影响实验结果的问题时，学生需要分析这些问题对实验结果的影响。他们需要考虑问题是否导致数据偏差、准确度降低等，并讨论这些影响的程度和可行的纠正措施。为了更好地描述这些问题，学生可以考虑以下措施：

（1）确定潜在的影响因素，并检查能否纠正或排除它们。

（2）分析数据并识别潜在的错误和异常值，以确定是否需要重新进行实验。

（3）使用统计学方法来评估实验结果的可靠性和可信度，并识别任何可能存在的误差来源。

（二）解决问题的方案

学生需要详细说明他们采取的解决问题的方法和步骤，以及这些解决方案对实验结果产生的影响。学生应该提供具体的操作流程，并解释为什么选择这种方法来解决问题。如果采用了多种方法，需要将它们进行比较并作出选择。最后，学生还应该讨论这些解决方案对实验结果的影响，以证明所采取的措施是有效的。

1. 操作流程和方法选择

学生应该提供具体的操作流程，以清晰地说明他们采取了哪些措施来解决问题。在描述操作流程时，学生应该尽可能详细地列出每个步骤，并说明为什么选择这种方法来解决问题。例如，如果需要修复故障设备，学生可以说明需要使用哪些工具，如何打开设备，如何检查设备的部件，以及如何更换或修复损坏的部件等。同时，学生还应该解释为什么选择这些方法和步骤，并讨论其优点和缺点。

2. 多种方法的比较和选择

如果采用了多种方法来解决问题，学生需要将它们进行比较并作出选择。为了完成这项任务，学生应该详细阐述每种方法的优点和缺点，并说明为什么选择某种方法。此外，学生还应该考虑成本、时间和资源等因素，并权衡各种因素来选择最佳方案。在讨论多种方法的比较和选择时，学生应该注意说明每种方法的目标和优点，讨论每种方法的限制和局限性，权衡各种因素来选择最佳方案。

3. 解决方案对实验结果的影响

学生还应该讨论这些解决方案对实验结果的影响，以证明所采取的措施是有效的。具体来说，学生需要分析实验数据并比较不同方法和步骤的结果，讨论解决方案对实验数据的可靠性和准确性的影响，评估解决方案的效果，并说明是否需要进一步改进或优化。

（三）自我评价

学生需要对自己在实验中的表现进行评价，包括对自己的技能、知识和态度等方面进行分析和总结。同时，学生还应该提出进一步改进的意见和建议。这些建议可以涉及实验过程中需要加强的方面、未来需要学习或掌握的知识，以及如何提高自己的实验技能等。

1. 技能水平

评估自己在实验操作方面的技能水平是非常重要的，因为这是完成实验任务的基础。学生可以以操作流程为基础，确定自己的技能水平，并确定哪些方面需要加强和改善。例如，学生需要考虑设备设置、数据收集和处理、实验安全等方面的技能水平。对于设备设置方面，学生应该要确保自己能够正确地设置实验设备，确保设备处于适当状态。如果在这个方面存在问题，可能需要更多地练习和掌握设备操作方法。在数据收集和处理方面，学生需要确保数据准确性，并使用合适的数学工具进行分析和解释。如果在这个方面存在问题，可能需要更多的数学知识和实践经验。

2. 知识水平

除了实验操作技能，学生还需要评估自己在相关物理知识方面的理解和掌握程度。他们需要确定自己是否理解了实验背后的物理原理，并确定哪些知识点需要进一步掌握和学习。例如，学生可以回顾实验涉及的物理知识点，如电路、光学现象、热力学等，并确定自己需要进一步学习和掌握的领域。对于物理知识方面，首先要掌握基础知识，如牛顿运动定律、能量和动量守恒定律等。其次，还需要明白实验所涉及的物理原理，以便更好地理解实验结果。例如，在光学实验中，学生应该理解折射、反射、干涉等现象背后的物理原理。最后，需要掌握一系列物理实验技巧，如使用仪器和设备、选择测量方法等。

3. 态度

除了实验操作技能和物理知识，学生还需要评估自己在实验中的态度。这包括参与度、遵守规定、团队合作能力、沟通技巧和问题解决能力等方面。例如，学生可以考虑自己是否积极参与实验、是否遵守实验室规定、是否可以与同伴有效地沟通交流、是否能够快速分析并解决问题等。在实验中，积极参与是非常重要的，因为这有助于学生更好地理解和掌握实验过程。同时，学生需要遵循实验室规则和安全规定，并避免任何潜在的危险或风险。团队合作是实验过程中必不可少的一部分，学生需要具备团队合作精神，并且可以有效地与组员沟通交流，分配任务和资源，协同完成实验任务。最后，学生还需要具备解决实验过程中出现的问题的能力，包括快速分析原因并找到解决方案的能力。

除了对自己在实验中的表现进行评价外，学生还应该提出进一步改进的意见和建议。这些建议可以涉及实验过程中需要加强的方面、未来需要学习或掌握的知识，以及如何提高自己的实验技能等。以下是一些可能的建议。

（1）提高实验操作技能。加强设备设置技能和数据收集与处理技能是提高实验操作技能的关键。学生可以通过多练习和实践来加强这些技能，如可以通过模拟实验或参加实验室课程来提高设备设置技能，并结合使用统计工具来分析和解释数据，以提高数据收集和处理技能。

（2）深入学习物理原理。学生需要深入学习涉及的物理原理。阅读相关的物理书籍和文献、参加物理辅导班等活动可以增强学生对物理知识的理解和掌握。此外，还可以参加相关的科普活动，如参观物理实验室或听取物理专家的讲座，以进一步加深对物理原理的认识。

（3）加强团队合作能力。在团队合作方面，学生需要与组员沟通协调，制定明确的任务分配和资源分配方案，提高团队工作效率。为了达到这个目的，学生需要建立良好的沟通和协调机制，并积极主动地参与团队讨论，了解每个人的需求和意见，避免出现沟通不畅或冲突的情况。

（4）建立问题解决机制。学生需要建立一套完善的问题解决机制，在实践中学习更多的问题解决方法，以提高解决问题的速度和准确性。这可以通过阅读相关文献、咨询教师或其他专家，参加研讨会等途径来实现。此外，学生还应该在实验操作过程中多加思考和反思，总结归纳经验，以便更好地应对类似问题。

（5）提高实验安全意识。学生需要遵守实验室的安全规定和标准操作程序，增强安全意识，确保实验操作过程的安全性和可靠性。这包括穿戴实验室所需的保护用品、正确使用实验设备、注意实验环境的卫生和整洁等。如果发现任何不安全的情况，应及时报告相关人员并采取措施进行修复和处理。

三、开放式考核

将实验内容的设定开放化，让学生自行设计实验方案并进行实验，评分也根据设计方案、实验结果和数据处理等多个方面进行评价。这种模式可以促进学生的创新意识和独立思考能力，同时也能够增强学生对实验过程的掌握程度[37]。

（一）实验方案的设计

自主设计实验方案是一种促进学生探究和创新精神的有效教学方法。在进行自主设计实验方案时，学生需要认真考虑实验目的、实验步骤、实验条件、实验装置等多个方面，并合理安排和组织实验过程。

首先，学生需要明确实验目的，并根据实验目的制定相应的实验方案。实验目的应该具有明确性和可操作性，并能够与所学课程内容相对应。

其次，学生需要详细记录实验步骤，并确保实验步骤具有实用性、系统性和规范性。实验步骤的规范性可以确保实验过程的准确性和可重复性，从而得到科学可靠的实验数据。

同时，学生还需要考虑实验条件的选择和设置。实验条件包括温度、湿度、压力、光照等方面，应该与实验目的和所用实验装置相适应，并能够满足实验要求。

最后，学生需要选择适当的实验装置，并了解其原理和使用方法。实验装置应该能够满足实验要求，并符合实验安全要求。

评分时，可以从实验方案的设计清晰度、科学性、合理性和可行性等方面进行评估。具体而言，可以根据实验目的是否明确、实验步骤是否详细规范、实验条件是否恰当、实验装置是否符合实验要求、能否达到预期的实验目标等方面进行评价。这样的评分方法可以全面测评学生的实验能力和水平，激发学生的创新和探究精神，提高他们的实验技能和科学研究方法。

（二）实验过程的操作

在实验过程中，学生需要准确地执行实验方案，并注意实验安全，以保证实验数据的准确性和可靠性。实验操作的规范性、标准性、安全性等方面的评估也是非常重要的。

首先，实验操作需具有规范性。学生应根据实验方案中的步骤进行实验操作，按照规定的程序进行操作，遵从实验室的相关规定和要求，在未经老师允许的情况下不得擅自更改实验方案。这样可以确保实验结果的准确性，并使实验结果具有可重复性。

其次，实验操作需具有标准性。学生应严格控制实验条件，正确使用仪器设备，精确量取实验数据，保证实验数据的准确性。同时还需要注意实验环境的整洁与卫生，对实验装置和设备进行维护和保养。这样能够确保实验数据的可靠性，使实验结果更加科学。

最后，实验操作需考虑安全因素。实验室中存在一定的风险，学生应该注意实验安全，遵循实验室的安全规定，穿戴相应的实验服装和防护用品，如手套、眼镜、口罩等。学生还应该熟悉实验设备的使用方法，避免操作失误和意外发生。在出现问题时，要及时报告教师或实验室管理员，并采取相应措施进行处理。

评分时，可以根据以下几个方面对实验操作进行评估。

1. 实验操作的规范性

实验操作的规范性是指学生是否按照实验方案中的步骤进行操作，并遵从实验室的相关规定和要求。在进行实验前，学生应该熟悉实验步骤和操作流程，确保自己理解并能够正确执行实验步骤。在实验过程中，学生需要严格按照实验方案中的步骤进行操作，不得私自更改实验方案或操作流程。同时，学生还需要遵从实验室的相关规定和要求，确保实验操作符合实验室安全标准。

2. 实验操作的标准性

实验操作的标准性是指学生是否严格控制实验条件，正确使用仪器设备，精确量取实验数据，并注意实验环境的整洁与卫生等。在进行实验前，学生需要了解实验所需的仪器设备、试剂和材料，并确保这些物品已经准备好，以便在实验过程中能够顺利地进行实验操作。在实验过程中，学生需要认真检查所用的仪器设备是否正常运行，实验环境是否干净整洁，并确保实验所需的各项条件符合要求。同时，在量取实验数据时，学生需要精确到小数点后几位，以保证实验数据的准确性。

3. 实验安全

实验安全是指学生是否穿戴相应的实验服装和防护用品，熟悉实验设备的使用方法，避免操作失误和意外发生等。在进行实验前，学生需要了解实验所需的防护措施，并根据实验要求穿戴相应的实验服装和防护用品，如实验室外套、手套、眼镜、口罩等。在实验过程中，学生需要熟悉实验设备的使用方法，并严格按照实验操作流程进行操作，避免因操作失误或不当使用实验设备导致意外事故的发生。同时，如果出现问题，学生需要及时向教师汇报，并采取必要的措施进行处理。

4. 实验过程的顺畅性

实验过程的顺畅性是指实验操作是否流畅自如，是否出现操作失误和故障等。在进行实验前，学生需要熟悉实验步骤和仪器设备的使用方法，并通过模拟实验或预先练习等方式熟悉实验流程，以便在实验过程中能够流畅地进行。在实验过程中，学生需要认真操作，并遵从实验方案要求，以防出现操作失误或故障。

（三）实验数据的收集和处理

在实验过程中，学生需要收集和记录实验数据，并使用相应的统计和分析工具对数据进行处理和解释。评估实验数据时需要考虑实验数据的准确性、完整性以及统计分析方法是否合理等方面。

首先，实验数据必须具有准确性。学生在进行实验数据收集和记录时，需要严格按照实验要求进行操作，保证实验数据的真实性和可靠性。同时还需要注意实验环境和仪器设备的影响因素，如温度、湿度、光照等，以避免实验数据受到干扰或误差的影响。

其次，实验数据需具有完整性。学生需要全面、详细地记录实验数据，并及时整理和归档，以便进行数据统计和分析。此外，学生还需要在实验报告中展示实验数据的完整性，即包括所有数据结果和变量的描述，以保证实验结果的可信性和科学性。

最后，实验数据的统计分析方法也非常重要。学生需要选择适当的统计方法和分析工具，如平均值、标准差、方差分析等，对实验数据进行处理和解释。在进行统计分析时，学生需要确保所选用的统计方法和工具符合实验数据的特点和研究问题的需求，并能够正确地解释和阐明实验结果。

评分时，可以从以下几个方面对实验数据进行评估。

1. 实验数据的准确性

实验数据的准确性是评估实验数据质量的关键因素之一。学生需要严格按照实验要求进行操作，避免实验数据受到干扰或误差的影响。在进行实验前，学生需要了解实验步骤和相关技术，以确保自己能够正确地执行实验操作。在实验过程中，学生需要注意仪器设备的使用方法、实验环境的影响因素等，并将这些因素考虑在内，以避免实验数据的失真。如果出现实验数据异常，学生应及时向教师汇报，并尝试寻找并纠正导致异常的原因。

2. 实验数据的完整性

实验数据的完整性是指是否全面、详细地记录实验数据，并及时整理和归档。在实验过程中，学生需要认真记录实验结果，包括所做的实验、收集的数据、观察的结果、问题和发现等。同时，学生还需要整理和归档实验数据，以便进行后续的统计分析和研究。在实验报告中，学生需要展示实验数据的完整性，并描述所有数据结果和变量的细节和特点。这样能够证明实验结果的可信度和科学性，并为其他研究提供有价值的数据来源。

3. 统计分析方法是否合理

统计分析方法是对实验数据进行处理和解释的重要手段。学生需要选择适当的统计方法和工具，以符合实验数据的特点和研究问题的需求，并能够正确地解释和阐明实验结果。在进行统计分析时，学生需要了解不同的统计方法和工具的优缺点，并根据实验数据的性质和研究问题的需求选择合适的统计方法和工具。同时，学生还需要正确地解释和阐明实验结果，以避免误导或错误解读[38]。

4. 实验结果的科学性

实验结果的科学性是评估实验结果的关键因素之一。学生的实验结果应该符合实验目的和研究问题的需求，并展示出一定的科学性和可信度。在进行实验前，学生需要了解所要研究的问题和目标，并设计合适的实验方案，以确保实验结果具有科学性。在实验过程中，学生需要认真操作、记录实验数据，并在数据处理和分析时使用适当的统计工具和方法，以保证实验结果的准确性和可信度。在实验报告中，学生需要清楚地描述实验结果和结论，以便其他人能够理解和验证实验结果的科学性。

（四）实验结果的展示

在实验结果的展示方面，学生需要清晰地呈现实验结果，并使用科学的方式分析和解释结果。在实验报告中，学生应该简明扼要地描述实验结果，概括性地展示数据和结果，并针对实验目的和研究问题提出具有科学性和可信度的结论。

评估实验结果的呈现方式和结论是否科学严谨，可以从以下几个方面考虑。

1. 实验结果的呈现方式是否规范

学生在展示实验结果时，需要遵循一定的规范和要求，如图表制作、数据排版等。图表应该具有规范的格式和标注，包括标题、坐标轴标签、单位等，以便读者能够清晰地理解和解释数据。同时，数据的排版应该整齐、美观、易读，以体现学生的专业素养和实验能力。

2. 结论是否科学严谨

学生在进行实验结果的分析和解释时，需要对实验数据进行合理的统计分析和解读，并据此得出具有科学性和可信度的结论。学生需要确保实验结果的可靠性和科学性，并将自己的结论与现有的理论和研究成果进行比较和验证。

3. 语言表达是否准确明了

学生在撰写实验报告时，需要使用准确、简洁的语言表达实验结果和结论，并采用科学的逻辑方式来阐述自己的观点和想法。学生需要注意表达的准确性、连贯性和逻辑性，以便读者能够清晰地理解和掌握实验内容和结果。

4. 实验结果对研究问题的解答度

学生所得出的实验结论应该能够回答研究问题，并与先前的假设相符合。评估实验结果的可靠性和科学性时，需要考虑实验目的和研究问题的需求，以确保实验结果具有实际的应用和科学的价值。

四、多元化考核

除了传统的书面考试外，还可以采用口头答辩、实验现场演示、实验报告演示等形式进行综合考核。这种模式可以更全面地评价学生的实验能力和综合素质，同时也可以激发其表达能力和展示能力[3]。

（一）口头答辩

口头答辩是一种重要的学生综合能力评估方式，它通常要求学生在一定时间内对指定的题目或问题进行回答和解释。这种形式的考核可以促进学生深入思考和分析问题，并帮助他们及时纠正自己的错误认识，增强表达能力和沟通交流能力。

口头答辩的优点在于，它可以更好地反映出学生的逻辑思维能力和知识储备程度。在口头答辩过程中，学生需要快速、准确地回答问题，同时也需要展现其对相关知识的理解和掌握程度。通过这种形式的考核，教师可以更准确地评价学生的实验能力和综合素质。

另外，口头答辩还可以激发学生的表达能力和自信心。通过不断训练和实践，学生可以逐渐提高口头表达的能力，更加清晰、准确地表述自己的观点和想法。同时，口头答辩也是一种社交性的活动，可以帮助学生克服羞涩和紧张情绪，增强自信和沟通能力。

然而，口头答辩的缺点也不容忽视。例如，口头表达考核往往比较主观，评分标准可能存在不确定性和主观性。此外，口头答辩可能会受到时间限制、情绪紧张等因素的影响，从而导致学生无法充分发挥自己的能力。

（二）实验现场演示

实验现场演示是一种重要的实验教学评价方式，它要求学生在实验室等场所进行实验演示，以展示其实验技能和操作能力。这种形式的考核直接评估学生的实验技能和实践能力，使得评价更加真实和客观，有助于教师全面了解学生的实验水平和工作能力，为其提供有针对性的指导和帮助。

实验现场演示不仅可以测试学生的实验技能和应用能力，而且还能够帮助学生掌握更多实际工作经验和技能，更加深入地理解实验原理和操作规程，提高其实验技能和应对复杂情况的能力。这种评价方式使学生在真实的实验环境中进行操作，从而让他们充分体会实验的难度和复杂性，了解实验操作的步骤和注意事项，更好地掌握实验技巧和方法。

相比于其他评价方式，实验现场演示的优点在于其客观性和真实性。学生在实验现场演示时不能使用书本知识和模拟操作来完成任务，必须通过自己的经验和技能来完成实验。这使得教师可以更加真实地了解学生的实验能力，发现其优点和不足，并为其提供相应的指导和建议。

然而，实验现场演示也存在一定的局限性。例如，它对实验环境、设备等因素具有一定的依赖性，同时还受到时间和人员限制的影响，可能会存在难以完成复杂实验操作的情况。此外，实验现场演示考核需要耗费大量的时间和人力资源，且成本较高，需要学校和教师有足够的支持和配合。

（三）实验报告演示

实验报告演示是一种重要的实验教学评价方式，它要求学生撰写并展示实验报告，讲解实验目的、方法、过程、结果等，并回答相关问题。这种形式的考核可以更全面地评价学生的实验能力和综合素质，包括实验数据的准确性、完整性、统计分析方法的合理性、实验结果的科学性以及结论的准确性和可信度等。

相比于其他评价方式，实验报告演示的优点在于其全面性。在实验报告中，学生需要详细阐述实验的目的、方法、过程、结果等信息，并对实验数据进行分析和解释，从而充分展现自己的实验能力和综合素质。同时，这种形式的考核还能够促进学生的思考和表达能力，培养其综合素质和批判性思维能力，提高其在团队协作中的能力。

实验报告演示还具有较高的客观性和可靠性。通过仔细阅读实验报告，教师可以了解学生的实验能力和实践经验，并对其实验数据的准确性和完整性、统计分析方法的合理性、实验结果的科学性以及结论的准确性和可信度等方面进行客观评价。同时，实验报告演示还可以帮助学生发现自己在实验过程中存在的问题和不足之处，并且通过教师的反馈和意见来改进和提高。

然而，实验报告演示的缺点也需要考虑。例如，学生可能会出现抄袭、剽窃等不诚信行为，导致评价结果失真；同时，撰写实验报告需要一定的文献查阅和写作能力，对于某些学生来说可能存在一定的难度。

第五章
大学物理实验教学与学生创新能力培养

大学物理实验教学是大学物理教育中不可或缺的一部分，它对于学生的创新能力培养有着至关重要的作用。本章将从大学物理实验教学与学生创新能力培养的关系、大学物理实验教学对学生创新能力的影响以及大学物理实验教学与学生创新能力培养的实践案例三个方面展开探讨[23]。

第一节　大学物理实验教学与学生创新能力培养的关系

一、提高学生动手实践能力

大学物理实验是一种非常重要的教学方式，通过实际操作可以帮助学生更好地理解物理学中的知识和原理。在实验中，学生需要亲自操作、观察和记录实验数据，在这个过程中可以提高学生的动手实践能力和技能。具体包括以下几个方面的能力。

（一）实验设计能力

在进行大学物理实验之前，学生需要制定实验计划并设计实验流程。这个过程需要学生对物理学知识有较为全面的理解和掌握，同时还需要考虑到实验中可能出现的问题和难点，从而能够合理规划实验的各个环节，确保实验可以顺利进行。具体来说学生需要进行以下工作：明确实验目标、细化实验方法、预先调试设备、考虑可能出现的问题。这有助于确保实验顺利进行，数据准确可靠，同时提高学生实验技能和问题解决能力。

（二）实验操作能力

进行大学物理实验需要学生掌握相关的实验操作技能，这些技能包括使用仪器设备、进行实验精度控制等。在实验操作中，学生需要严格按照实验流程进行操作，并注意实验过程中可能出现的误差、干扰等问题。具体包括仪器设备的使用和实验精度控制。

（三）数据分析能力

在进行大学物理实验时，学生需要收集、整理和分析实验数据，从而得出结论。这需要学生具备较强的数据处理和分析能力，并且需要学生能够灵活运用物理学知识来解释实验结果。具体包括数据收集与整理、数据处理与计算、实验结果解释和得出结论。

二、增强学生科学探究精神

大学物理实验是一种探究自然现象和科学原理的重要手段，通过实验操作和数据分析培养了学生的科学探究精神。具体包括以下几个方面的能力。

（一）观察力和实验操作能力

在大学物理实验中，学生需要仔细观察现象和测量数据，因为这些现象和数据是他们进行科学探究的基础。只有通过精确的测量和准确的观察，学生才能正确地得出实验结论并验证理论假设。

在实验操作方面，学生需要熟练掌握实验设备的操作方法，以确保实验的顺利进行和数据的准确性。如果学生不了解实验设备的操作方法或操作不当，可能会导致实验结果的不准确性甚至实验失败。

此外，学生还应该注意实验安全问题，并遵守实验室的规定和操作流程，确保自身和他人的安全。他们需要认真阅读实验手册和实验指导书，了解实验过程中可能存在的危险，并采取相应的安全措施。

（二）问题意识和解决问题的能力

在大学物理实验中，学生可能会遇到实验结果与理论预期不符合的情况。这时，学生需要发现并解决问题，以确保实验得出的结论准确可靠。这需要学生具备观察、分析、理论知识应用、创新思维、实验设计、实验操作和数据分析等多方面的能力。

（三）创新思维和实验设计能力

在大学物理实验教学中，鼓励学生提出新的实验想法或改进已有的实验设计，可以促进学生的创新思维和科学实践能力。学生们可以通过阅读文献、观察现象、分析问题等途径，发现前人研究未曾涉及或尚未解决的问题，并提出相应的实验方案来验证新的学术观点或解决实际问题[39]。

（四）团队合作和沟通能力

大学物理实验通常需要学生合作完成，通过实验进行讨论和交流，促进了学生之间的合作意识和沟通能力。大学物理实验培养学生的分工合作、讨论与交流、互相支持等关键技能，同时为他们今后的职业发展提供有价值的经验。这些技能包括领导能力、团队精神、协作技能、批判性思维、自我反思、沟通能力、信任建立、共同目标设定等，对于学生的综合发展和职业成功都具有重要意义。

三、培养学生团队协作意识

大学物理实验通常需要学生组成小组合作完成，在实验中，学生需要互相协助、交流实验数据和结果，从而培养学生的团队协作意识。学生需要共同商讨并解决实验过程中出现的问题，这种经验对于其今后的团队合作和协调能力有很大帮助。

（一）团队协作意识的培养

在大学物理实验中，学生需要与他人合作完成实验任务，这要求学生能够建立团队协作意识，并愿意与他人分享自己的想法和观点。通过小组合作，学生可以了解到不同的工作方式和思维方式，从而逐渐适应团队合作的氛围。同时，在实验过程中，学生还需要相互支持和帮助，共同完成实验任务，这样可以增强学生的团队协作能力，以及在团队中积极参与、贡献自己的力量的态度。

（二）交流能力的提高

在大学物理实验中，学生需要相互交流实验数据和结果，这要求学生具备较强的口头表达和书面表达能力。学生需要清晰明了地表达自己的观点和想法，同时也需要倾听并理解他人的意见。这种实践能够帮助学生自我反思和批判，发现自己交流上的不足之处，并通过不断实践来提高自己的交流能力和表达能力。此外，学生还需要学会如何使用科学术语和专业术语来描述实验结果，这有助于提高学生的专业水平和科学素养。

（三）问题解决能力的锻炼

在大学物理实验中，学生需要面对各种问题和困难，如实验设备出现故障等。学生需要共同商讨并解决实验过程中出现的问题。这要求学生具备较强的问题解决能力和创新思维能力。通过不断尝试和实践，学生可以逐渐掌握解决问题的方法和技巧，培养自己的问题解决能力[40]。此外，学生还需要学会如何从团队合作和集体智慧中获得支持和启示，以寻找最佳的解决方案。

（四）团队合作和协调能力的提高

在大学物理实验中，学生需要合理分配任务、协调各项工作，并确保整个团队能够顺利完成实验任务。这要求学生具备较强的团队合作和协调能力，同时还需要学会如何有效地沟通和协商。通过小组合作，学生可以逐渐明确自己在团队中的角色和职责，并学会如何与他人合作共事。此外，学生还需要了解如何合理分配时间和资源，以及如何在紧张的时间限制下高效地协作，这有助于提高学生的领导才能和组织能力。

四、激发学生创新思维

物理实验中存在许多未知的因素，需要学生自行解决问题，这有助于激发学生的创新思维，培养其在实践中寻找解决方案的能力。学生需要在实验过程中不断调整方法和思路，寻找更好的解决方案，从而锻炼出色的创新能力。

（一）创新思维的培养

在物理实验中，存在许多未知的因素需要学生自行解决问题，这要求学生具备较强的创新思维能力。学生需要在实践过程中不断调整方法和思路，寻找更好的解决方案，从而锻炼出色的创新能力[41]。在实验过程中，学生可以通过提高观察和感知能力、探索和尝试新方法、多角度思考问题来提高解决问题的能力。这些方法有助于学生更好地理解实验现象和数据，积累实践经验，发展创新思维，并全面解决复杂问题。

（二）实践中寻找解决方案的能力

在物理实验中，学生需要培养出色的创新能力，以解决问题。为此，学生应注意以下几点：善于总结经验，建立方法论和经验库；学会利用工具和资源，如图书馆、网络、实验设备；注重实践和实验，将理论知识与实践相结合，锻炼创新潜力。这些方法有助于学生提高问题解决能力和综合素质。

五、探索物理知识的深度和广度

大学物理实验可以让学生感受到物理知识的深度和广度，激发对物理学科的兴趣。通过实验，学生可以观察、探究和理解各种物理现象和规律，加深对物理学科及其应用领域的认识和理解。

（一）感受物理知识的深度

大学物理实验通过让学生亲身参与实验操作，观察现象和数据，从而加深对物理知识的理解和认识。在实验中，学生可以进行各种操作，如调节仪器、收集数据、计算结果等，从而掌握物理原理和方法。此外，通过实验，学生还可以了解到物理知识的深度和复杂性。通过实验，学生可以更加深入地了解物理知识，提高对物理学科的兴趣和探究欲望。

（二）探索物理知识的广度

大学物理实验还可以帮助学生探索物理知识的广度，即了解物理学科的应用领域和重要性。例如，在研究电路时，学生可以了解电子器件的基本工作原理及其在通信、计算机等领域的应用；在进行光学实验时，学生可以了解光学器件的制造原理及其在医学、能源等领域的应用[42]。通过参与实验，学生可以了解到物理知识在各个领域的实际应用，拓宽视野，增强对物理学科价值和重要性的认识。

第二节　大学物理实验教学如何提升学生的创新能力

一、提供多元化的实验内容

大学物理实验教学可以提供多元化的实验内容，包括基础实验和创新型实验等。基础实验可以帮助学生掌握物理知识的基本概念和实验方法，而创新型实验则可以激发学生的创新意识和创造力。此外，实验内容还可以与不同领域的应用相结合，以提高学生的创新能力和解决实际问题的能力。

（一）基础实验

基础实验是大学物理实验教学的重要组成部分，帮助学生了解物理知识的基本概念和实验方法。这些实验通常包括测量物理量、验证物理定律、研究物理现象等方面。通过基础实验的学习，学生可以掌握物理知识的基本概念和实验方法，为后续的实验操作打下基础。

（1）测量物理量实验。测量物理量是大学物理实验教学的重要组成部分，也是基础实验的核心。这些实验通常包括测量长度、时间、质量、温度、电流、电压等物理量。

（2）验证物理定律实验。验证物理定律是大学物理实验教学的另一个重要组成部分。通过这些实验的学习，学生可以了解不同物理定律的表述和应用，例如牛顿定律、能量守恒定律、动量守恒定律等。

（3）研究物理现象实验。研究物理现象也是大学物理实验教学的一部分。这些实验通常包括光学、电学、力学、热学等方面。

（4）基础操作训练实验。基础操作训练实验是为学生提供基础实验操作技能、安全知识和实验室规范的实验。这些实验通常包括实验操作技能的培训、实验器材的使用和实验室安全等方面。

（二）创新型实验

除了基础实验以外，创新型实验也是大学物理实验教学的重要组成部分。通过创新型实验，学生可以发挥自己的创造力和想象力，提出新的实验方案和思路，从而促进自己的创新能力和解决实际问题的能力[43]。创新型实验可以从探究性实验、设计型实验、开放性实验等多个角度进行设计和实施，以此激发学生的创新思维和创新意识。

1. 探究性实验

探究性实验是一种基于现象观察、提出问题并自主解决的实验。通过探究性实验，学生可以自由地提出问题和假设，并通过实验验证或证伪假设，以此探索物理规律和科学真相。这种实验能够激发学生的好奇心和探究欲望，从而促进学生的创新能力和探究精神。

2. 设计型实验

设计型实验是指学生在教师的指导下，自主设计并完成实验的过程。这种实验需要学生具备一定的物理知识和实验技能，同时也需要学生具备较强的创新能力和解决实际问题的能力。通过设计型实验，学生可以锻炼自己的实验设计和思维能力，同时也能够提高自己的创新意识和创造力。

3. 开放性实验

开放性实验是指学生在一定的实验条件下，可以根据自身兴趣和特长自由选择实验方案和实验方法。这种实验需要学生具备一定的物理知识和实验技能，同时也需要学生具备较强的创新能力和探究精神。通过开放性实验，学生可以发挥自己的主观能动性和创新意识，提出新的实验方案和思路，从而促进自己的创新能力和解决实际问题的能力。

4. 数字化实验

数字化实验是指将传统实验内容数字化，通过计算机模拟实验现象、数据处理和结果分析等方式进行。这种实验既可以扩展传统实验的内容，也可以创新开发出新的实验内容。通过数字化实验，学生可以通过虚拟实验平台进行实验操作和数据处理，锻炼自己的实验技能和数据分析能力，同时也能够提高自己的创新意识和创造力。

（三）应用实验

应用实验是将物理知识与其他领域相结合的实验。帮助学生将所学知识与实际应用结合起来，从而提高学生的创新能力和解决实际问题的能力。

1. 物理和数学结合的应用实验

物理和数学有着密切的联系，通过将物理知识与数学相结合进行应用实验，可以帮助学生更深入地了解物理和数学的联系，并提高学生的数学建模能力。以下是一些常见的物理和数学结合的应用实验。

（1）运动学测量实验：通过运用数学方法对运动学问题进行建模，研究运动学规律的原理和应用。

（2）牛顿定律验证实验：通过物理实验手段接触运动学基本定律，利用数学方法对结果进行分析、处理并验证。

（3）能量守恒实验：通过研究物体的机械能和热能转化，利用数学方法对能量转化关系进行建模，探究能量守恒的原理和应用。

2. 物理和通信结合的应用实验

物理和通信也有着密切的联系，通过将物理知识与通信相结合进行应用实验，可以帮助学生更深入地了解通信技术的原理和应用，并掌握相关设备的操作技能。以下是一些常见的物理和通信结合的应用实验。

（1）数字信号处理实验：通过探究数字信号采集、信号处理和数据传输等技术，研究数字信号处理的原理和应用。

（2）无线电通信实验：通过探究调频、调幅等技术，研究无线电通信系统的原理和应用。

（3）光纤通信实验：通过探究光传输、调制和解调技术，研究光纤通信系统的原理和应用。

二、培养学生的团队合作能力

大学物理实验教学可以通过小组合作的方式进行，这有利于培养学生的团队合作能力。在小组合作中，学生需要相互协调、相互支持，并共同完成实验任务。这种合作方式可以锻炼学生的交流能力和团队合作能力，从而增强学生的创新能力。

（一）组建小组

组建小组是培养学生团队合作能力的第一步。在大学物理实验教学中，教师可以根据不同的实验任务和学生的兴趣爱好等因素，将学生分成多个小组。在组建小组时，可以考虑学生的专业背景、性格特点、实验经验等因素，以促进学生之间的相互配合和协作。

（二）制定合作规则

制定合作规则是保证小组合作顺利进行的前提。在实验开始前，教师应与学生一起制定一些基本的合作规则，如每个小组的分工、沟通方式、时间安排等。通过明确的合作规则，可以避免小组合作过程中产生的冲突和误解，并提高小组合作的效率和质量。

（三）分工合作

分工合作是小组合作的核心。在实验过程中，学生需要相互配合、相互支持，完成各自的任务。为了保证分工合作的顺利进行，教师可以提前向学生介绍实验任务的要求和目标，让学生根据自己的兴趣和能力来制定分工方案。同时，教师还可以鼓励学生在实验过程中相互交流、相互协调，以便更好地完成实验任务。

（四）沟通合作

沟通合作是小组合作的关键。在小组合作过程中，学生需要及时地与小组成员进行沟通，并及时向教师汇报实验进展情况。为了促进沟通合作，教师可以利用课堂时间或者线上平台进行交流和讨论，同时也可以提供一些有效的沟通工具和技巧，如会议记录、邮件通知等。

在小组合作中，促进有效的沟通合作需要考虑以下几点：及时沟通，包括课堂时间交流和线上平台交流；提供适当的沟通工具和技巧；鼓励学生反馈意见和建议，以及提供反馈意见和建议。这些方法有助于学生更好地协作、交流和解决问题。

三、鼓励学生自主探究和实践

大学物理实验教学可以鼓励学生自主探究和实践，让学生在实验中自主思考和解决问题。通过自主探究和实践，学生可以锻炼创新思维和解决实际问题的能力，从而提高学生的创新能力。

（一）提供开放性实验环境

提供开放性实验环境是鼓励学生自主探究和实践的前提。在大学物理实验教学中，提供开放性实验环境的关键包括提供充足的实验设备和材料，鼓励学生自由选择实验内容和方法，提供必要的安全保障和指导，提供必要的支持和指导，以及鼓励学生自主组织实验小组。这些措施有助于激发学生的兴趣、主动性和创新思维，同时教师还应提供必要的安全保障和指导，确保实验过程的安全和有效进行[44]。

（二）鼓励学生自主思考

在大学物理实验教学中，鼓励学生自主思考至关重要。

一是要激发兴趣和好奇心，教师应通过生动的讲解、实验演示和提问等方式，唤起学生的兴趣和好奇心，让他们对物理现象产生浓厚兴趣；二是自主解决问题，教师可以要求学生自主设计实验步骤、处理数据和结果，培养他们的创新思维和问题解决能力；三是提供支持和指导，教师应在需要时提供支持和指导，解答学生的疑问、纠正误区，确保他们顺利进行实验；四是鼓励交流和讨论，学生之间的交流和讨论是促进自主思考的有效方式，教师应鼓励学生在实验过程中共同讨论问题并寻找解决方案；五是多样化的实验场景，提供多样的实验场景和任务，让学生在不同情境下进行探究，激发创新思维和解决问题的潜力。通过这些方法，可以培养学生的主动性和自主思考能力，使他们在物理实验中更具独立性和创造性。

（三）鼓励学生尝试新方法

鼓励学生尝试新方法是大学物理实验教学的关键环节。一是提供多样的实验方法，教师应提供多种实验方法供学生选择，鼓励他们比较和尝试，以加深对实验原理的理解；二是提供支持和指导，教师应为学生提供必要的支持和指导，解答疑问、纠正误区，帮助他们掌握实验技巧和方法；三是促进学生间的交流和学术探讨，鼓励学生相互交流和讨论，分享实验方法和经验，一同探讨新的实验思路和方法；四是提供多样化的实验场景和任务：教师应提供多样的实验场景和任务，激发学生的创新思维和解决问题的能力；五是鼓励研究性实验，为学生提供研究性实验的机会，鼓励他们在实验设计和数据分析方面发挥创造力，培养独立思考和创新能力。通过这些方法，学生将更主动地探究和实践，提高实验技能，培养创新和解决问题的能力。

（四）鼓励学生总结经验教训

鼓励学生总结经验教训也是鼓励学生自主探究和实践的重要内容之一。在大学物理实验结束后，教师应与学生一起总结经验和教训，并提供有益的反馈意见和建议。鼓励学生分享经验和教训，以问题为导向进行总结，通过总结经验和教训，培养学生的自我反思和评价能力，可以让学生更好地认识到自身不足，并改进和提高个人和团队的能力。

（五）鼓励学生参加科研项目

鼓励学生参加科研项目也是鼓励学生自主探究和实践的有效途径之一。在大学物理实验教学中，教师应鼓励学生积极参加科研项目，并提供必要的支持和指导。通过参加科研项目，可以让学生更深入地了解物理实验的原理和应用，并锻炼创新思维和解决实际问题的能力。

一是提供科研项目的信息和机会；二是鼓励学生参加科研项目并提供必要支

持；三是创造实验环境条件；四是培养团队合作能力；五是激发学生的创新思维和实践能力。

四、提供开放性的实验环境

大学物理实验教学可以提供开放性的实验环境，让学生可以自由地进行实验设计和探究。这种开放性的实验环境可以激发学生的创新意识和创造力，鼓励学生大胆尝试、勇于创新。同时，也可以提高学生的实验技能和实践经验。

（一）提供自主设计实验的机会

提供自主设计实验的机会是开放性实验环境的核心之一。在大学物理实验教学中，教师应该鼓励学生自主设计实验，并给予必要的支持和指导，如提供充分的实验背景和文献资料。通过提供自主设计实验的机会，鼓励学生进行实验探究和独立思考，可以让学生更好地了解物理实验的基础原理，并锻炼其创新思维和解决问题的能力。同时，提供实验设计和数据处理的指导，组织学生进行实验报告和交流，也可以激发学生的学习兴趣和探究欲望，提高其参与度和学习积极性[45]。

（二）提供多样化的实验器材和资源

提供多样化的实验器材和资源也是开放性实验环境的重要保障之一。在大学物理实验教学中，教师应该提供丰富的实验器材和资源，以满足学生不同程度和层次的实验需求。通过提供多样化的实验器材和资源，包括提供基础的实验器材和设备、提供高级的实验器材和设备、提供多样化的实验材料和试剂以及提供在线实验平台和模拟软件等，这可以让学生更好地进行实验设计和探究，并提高其实验技能和实践经验。

（三）提供灵活的实验时间和空间

提供灵活的实验时间和空间也是开放性实验环境的重要保障之一。在大学物理实验教学中，教师应该提供灵活的实验时间和空间，提供在线备课和实验预约平台，并让学生自由选择实验时间和地点。通过提供灵活的实验时间和空间，可以让学生更好地安排自己的学习时间和空间，同时也可以减少学生排队等待实验的时间和候选，在较短的时间内完成更多的实验探究。

（四）鼓励学生进行交流和合作

鼓励学生进行交流和合作也是开放性实验环境的重要目标之一。在大学物理实验教学中，教师应该鼓励学生进行交流和合作，包括组织小组实验、鼓励学生讨论、鼓励学生合作完成实验报告、组织实验比赛和展览活动等。通过鼓励学生进行交流和合作，可以促进学生之间的相互协作和交流，提高团队合作和个人能力。

第三节　大学物理实验教学提升学生创新能力的实践案例

一、利用开放性实验环境培养学生创新能力

实践内容：

在大学物理实验教学中，可以建立开放性实验环境，鼓励学生自主设计实验流程和方案。具体来说，可以让学生自主选择电路组件和测量仪器，针对不同实验条件和要求进行实验设计和参数分析。同时，教师可以提供参考资料和指导意见，帮助学生更好地理解和应用物理知识，从而培养学生的创新思维和实验技能。

实践效果：

建立开放性实验环境可以显著提高学生的创新能力和实践技能。相对于传统实验教学，这种环境鼓励学生自主设计和改进实验方案，激发创新思维，培养实践能力，促进团队协作，增强自信心。首先，学生在这个环境下被鼓励不断探索新的实验方法，激发了他们的创造性思维和创新能力；其次，通过自主设计实验方案，学生实际操作并解决问题，提高实践和应用能力；再次，学生在协作完成实验任务的过程中培养了团队协作精神和沟通能力；最后，完成自己设计的实验方案后，学生获得他人的认可和鼓励，增强了自信心和自我价值感。这种实践过程不仅促进了物理知识和实验技能的掌握，也为未来的学习和职业发展提供了坚实的基础。

论证分析：

许多研究表明，建立开放性实验环境可以有效提高学生的创新能力和实践技能。例如，王浩等（2020）在大学物理实验教学中实施了"开放性实验教学模式"，通过对比分析和问卷调查，发现该模式可以显著提高学生的实验技能、创新能力和团队协作精神[16]。另外，刘洋等（2018）也发现，使用开放性实验环境可以促进学生的自主学习和创新能力的提高[46]。

通过建立开放性实验环境，可以有效提高学生的创新能力和实践技能，并具有广泛适用性和重要意义。教师应该积极采用此方法，为学生创造一个具有启发性和挑战性的学习环境，鼓励学生自主设计实验流程和方案，从而帮助学生更好地发挥自己的创造力和创新能力。

除了文献数据的支持，我们可以通过一些案例来证明这一实践的有效性。在美国纽约州立大学的物理学院中，每年都会举行"开放式实验竞赛"，让学生自

主选择实验内容、设计实验方案，在给定时间内完成实验并展示结果。通过这种方式，学生可以充分发挥自己的想象力和创造力，同时也促进了学生之间的交流和合作，提高了他们的实验技能和创新能力。

另一个案例是在我国华南师范大学物理实验教学中，通过建立开放式实验环境，鼓励学生自主设计实验方案和操作流程。通过多年的实践验证，这种方法可以显著提高学生的实践能力和创新能力，同时也增强了学生的自信心和自我价值感。

二、设计创新性实验课题促进学生创新能力

实践内容：

教师可以提供一个具有挑战性和启示性的课题，鼓励学生进行自主探究和研究。例如，在光学实验中，可以让学生自主设计和制作折射率测试装置或者光纤通信模拟系统。

实践效果：

通过设计创新性实验课题，可以显著提升学生的创新能力和实验技能。在传统的实验教学中，通常只有固定的实验内容和操作流程，而这种方式无法满足学生的创新思维和实验探究需求。相比之下，创新性实验课题是一种更加开放和自主的实践方法，给予学生更多的自由和机会来进行独立探究。具体来说，这种实践方法提高学生的创新思维能力，增强学生的实验技能，培养学生的科研能力，促进学生之间的交流与合作。

论证分析：

许多研究表明，设计创新性实验课题可以有效提升学生的创新能力和实验技能。例如，张振全等（2018）在大学物理课程中引入创新性实验课题，通过对学生的问卷调查和成绩比较分析，发现学生对于实验的兴趣和参与度明显提高，同时也获得了更好的实验成绩[47]。另外，齐英（2020）采用创新性实验教学模式，创新性地设计出"电子元件拼装绘图"实验，通过学生实践探究的方式，提高学生的实验操作和实验课程知识点的理解[48]。

除了文献数据的支持，我们也可以通过一些案例来证明这一实践的有效性。例如，在加拿大蒙特利尔大学的物理教育中，设立了"探究型实验"项目，旨在激发学生的创造性思想和探索精神，帮助学生更深入地理解和应用物理知识。该项目允许学生自行设计实验方案和装置，并在指导下进行实验，从而增强学生的实验技能和创新能力。经过多年的实践，该项目获得了极高的评价和广泛的认可。

另一个案例是在我国华南理工大学的物理实验教学中，设置了"大学生创新实验竞赛"的课题，鼓励学生进行自主探究和研究。通过实验课程的学习和创新性实验项目的探讨，学生能够更加深入地理解物理知识，同时也提高了实验技能

和创新能力。此外，该项目还促进了学生之间的合作和交流，增强了学生的团队协作精神和沟通能力。

三、运用信息化手段提高学生创新能力

实践内容：

在大学物理实验教学中，运用信息化手段可以是一种有效的培养学生创新能力的方法之一。在这种环境下，教师可以利用模拟软件、虚拟实验平台等信息化工具，让学生通过仿真实验和数据分析来进行实验，同时也可以利用互联网资源进行学科前沿研究和成果分享。

实践效果：

通过运用信息化手段，可以显著提升学生的创新能力和实验技能。信息化教学是以计算机、网络、多媒体等信息技术为基础，将现代信息技术与教育教学相结合的一种教学方式。在物理实验教学中，运用信息化手段可以增强实验教学的互动性和趣味性，激发学生对物理学科的兴趣和热情。这种实践方法可以提高学生的信息获取和应用能力、增强学生的实验技能、培养学生的科研能力、促进学生之间的交流与合作。

论证分析：

许多研究表明，运用信息化手段可以有效提升学生的创新能力和实验技能。例如，杨晓瑜等（2019）在物理实验教学中采用虚拟实验平台进行教学，通过对学生的问卷调查和成绩比较分析，发现学生对于实验的兴趣和参与度明显提高，同时也获得了更好的实验成绩[49]。另外，李嵘等（2020）在大学物理实验教学中引入模拟软件，结果发现学生的实验技能和创新意识得到了显著提升[50]。

除了文献数据的支持，我们也可以通过一些案例来证明这一实践的有效性。例如，在美国威斯康星大学密尔沃基分校的物理教育中，利用虚拟实验平台进行物理实验教学。通过该平台，学生可以在模拟环境下进行实验，并进行数据采集和分析。经过多年的实践和评估，该项目被证明可以显著提高学生的实验成绩和实验技能。

另一个案例是在中国西安交通大学的物理实验教学中，利用模拟软件进行探究型实验教学。该项目旨在通过运用信息化手段，激发学生的创新思维和实践能力。经过实践验证，学生对于探究型实验教学的兴趣和参与度明显提高，同时也在实验技能方面有了较大的进步。

四、丰富多样的科技展示活动激发学生创新能力

实践内容：

在大学物理实验教学中，可以组织各种形式的科技展示活动，包括电子设计

竞赛、智能家居设计比赛等。这些活动旨在鼓励学生进行多方位、多角度的创新设计和应用探索，同时也为学生提供展示创意和创新成果的平台。

实践效果：

通过丰富多彩的科技展示活动，可以显著提高学生的创新能力和实践技能。科技展示活动是一种集成了科学、技术、艺术等多个领域的综合性展览活动，通过展示各种科技产品和创新成果，激发并培养学生的创新意识和实践能力。这种实践方法可以激发学生的创新思维、培养学生的实践能力、提高学生的团队协作精神以及增强学生的自信心。

论证分析：

许多研究表明，丰富多样的科技展示活动可以有效提高学生的创新能力和实践技能。例如，张云等（2019）在大学物理实验教学中开展了"科技创新竞赛活动"，通过对比分析和问卷调查，发现该活动可以显著提高学生的创新能力、实验技能和团队协作精神[51]。另外，朱璐等（2020）也发现，参加科技展示活动可以促进学生的科技创新和实践能力的提高[52]。

除了文献数据的支持，我们可以通过一些案例来证明这一实践的有效性。例如，在美国加州大学圣迭戈分校的物理教育中，每年举行"物理茶话会"，为学生提供交流创意和创新成果的平台。通过这种方式，学生可以展示自己的研究成果，并与他人进行交流和讨论。经过多年的实践和评估，该项目被证明可以显著提高学生的创新能力和科研能力。

另一个案例是在我国南京大学的物理实验教学中，开展"物理趣味比赛"等科技展示活动。该比赛旨在鼓励学生进行多方位、多角度的创新设计和应用探索，并提供展示创意和创新成果的机会。通过多年的实践验证，该项目可以有效提高学生的实验技能、创新能力和团队协作精神。

第六章
教学改革的可持续发展与教师角色转变

第一节 教学改革的可持续发展与未来发展趋势

本节主要介绍教学改革的可持续发展以及未来的发展趋势。首先，介绍了教学改革的概念、意义和必要性。然后，阐述了教学改革的可持续发展的基本原则和关键因素，着重讨论了如何保障教学改革的可持续发展。接着，分析了当前教学改革所面临的挑战，包括技术、资源、培训等方面，并提出了解决这些挑战的方法和策略。最后，探讨了未来教学改革的发展趋势，包括数字化、智能化、个性化、国际化等方面。

一、教学改革的概念、意义和必要性

（一）教学改革的概念

1. 教学改革的定义

教学改革是指在新的教育理念和科技手段的支持下，对传统的教学模式进行变革和创新。该改革旨在提高教育教学的效果和质量，使其更好地适应社会和学生的需求。

2. 新的教育理念

新的教育理念包括以下三个方面。

（1）以学生为中心：这是一种注重学生主体性，关注学生的特点、需求和兴趣的教育理念。教师需要从学生的角度出发，尊重学生、关注学生，以学生为中心开展教学活动。

（2）因材施教：这是一种针对每个学生不同程度和能力进行差异化教育的教育理念。教师应该根据学生的特点和需求，灵活运用多种手段，实现因材施教，让每个学生都能够得到适合自己的教育。

（3）开放性教学：这是一种强调学生思考、自主学习和实践的教育理念。教师应该给予学生更多的自由和选择，让学生在自主的环境下进行知识探究和实践，培养学生的创新能力和终身学习能力。

3. 教育技术手段

教育技术手段是指通过现代科技手段来改进教育教学过程和方法的一种手段，主要包括以下三个方面。

（1）网络教育：网络教育是利用互联网、移动互联网等现代信息技术，建立起全球范围内的虚拟学习社区，实现远程教育和在线教育。这种教育模式极大地拓展了学生的学习时间和空间，增强了学习的灵活性和自主性。

（2）远程教育：远程教育是采用远距离通信技术，将师生分隔在时间和空间上，通过电视、广播、网络等方式进行教学。这种教育形式使得学生不受时空限制，能够接受到优质的教育资源，缓解了教育资源紧缺的问题[53]。

（3）虚拟仿真：虚拟仿真是利用计算机技术、多媒体技术等手段，建立虚拟世界，让学生在虚拟环境中接受教育和实践。这种教育手段具有真实性、安全性和可控性等特点，可以让学生在虚拟环境中进行多次实验和操作，极大地提高了学生的实践能力和应变能力。

（二）教学改革的意义和必要性

教学改革对于提高教育质量、促进学生全面发展、推动教育现代化以及适应社会需求有着重要作用。这包括创新教育教学方式和方法以提高教育效果，关注学生的全面发展，推动教育信息化和智能化，利用现代技术手段提升教育教学的水平和竞争力，以及通过注重实践性教学、培养创新精神和团队合作等方式，培养符合社会需求的高素质人才。

二、教学改革的可持续发展的基本原则和关键因素

（一）基本原则

一是以学生为中心，注重发挥学生的主体性和积极性；二是注重实践，使实践成为教学改革过程中不可或缺的因素；三是持续改进，根据实际情况不断评估、反思和优化，针对问题和不足进行改进；四是合作共享，达到学科之间、教师之间和学校之间的合作共享。

（二）关键因素

1. 教师素质

教师素质是教学改革的核心力量，包括教学技能、师德素养、专业知识和持续学习的意愿。这些方面共同确保了教师能够有效地开展教育教学活动。

2. 教学资源

教学资源是教育改革的关键支持，包括课程设计、教材、实验设备和信息技

术等。这些资源应满足学生需求，促进教育改革的顺利开展，需要不断优化和更新，同时教师也应更新自己的教学资源以适应时代和学生需求的变化。

3. 组织保障

组织保障是教育改革的基础，包括规章制度、考核评价机制和管理体系。这些要素帮助学校有效推进教育改革，确保教师和学生在新的教学环境下能够获得支持和指导。学校需要根据实际需求制定科学的规章制度和管理机制，以确保改革的成功实施。

4. 社会支持

社会支持是教育改革的重要组成部分，包括与产业、政府、社区等各方的协作和支持。这种互动有助于教育更好地服务社会发展需求，促进学生全面发展和社会进步。学校应积极建立与各方的合作关系，确保教育教学活动能够得到广泛认可和支持，同时承担社会责任，为社会发展贡献力量。

三、如何保障教学改革的可持续发展

（一）建立健全的评价体系

评价体系应该涵盖教学质量、师资队伍、教学设施、学生表现等方面，能够真实反映教学改革的成效，并为教学改革提供量化和定量的指标。同时，评价体系还应该具有科学性、公正性和可操作性等特点，以便更好地促进教学改革的开展[54]。

教育教学改革的成功评估需要考虑多个关键指标。首先，教学质量是最关键的评估因素之一，包括课程设置、授课内容、教学方法和学生表现；其次，师资队伍的素质和数量对改革的成效至关重要，教师的学历、职称、教学经验和科研成果都是重要考量因素；再次，教学设施的完善程度，包括硬件和软件设施，直接影响教学质量的提升；最后，学生表现是评估改革成效的重要依据，包括学习态度、学习效果和社会责任感等方面的考量。

（二）完善教学管理制度

教学管理制度主要包括教学计划制定、教学安排、课程监督、考核评价等方面，可以有效规范教学活动，提高教学质量。此外，学校还应该加强对教学管理制度的宣传和培训，确保各项制度得到有效执行。

首先，教学计划的制定是基础，要综合考虑学校和教师的实际情况，确保教学目标的实现；其次，合理的教学安排是教育教学活动的具体依据，需要充分考虑时间和空间的合理利用；再次，课程监督机制的建立有助于及时发现问题并采取措施，提高教学质量；最后，科学的考核评价体系可以全面、客观地评估教学工作的成效，为改革提供数据支持。这些环节共同构成了教育教学改革的有机组成部分，有助于规范和提升教育教学活动的质量。

（三）加强教师培养和职业发展

教师培养应该旨在提高教师的教学水平和专业素养，包括但不限于授课能力、课程设计能力、实践操作能力等方面。同时，学校还应该为教师提供相应的职业发展机会，鼓励教师参与教育教学研究，并提供相应的资金和资源支持[55]。

教师素质是关键，包括授课能力、课程设计能力、实践操作能力等多个方面。提升教师素质需要学校提供培训、指导和资源支持。

除了教师培养外，学校还应该为教师提供相应的职业发展机会，鼓励教师参与教育教学研究，并提供相应的资金和资源支持。具体包括职称评定、教育教学研究和资金资源支持。这有助于激励教师提高教育水平和专业素质。

（四）提升学生参与度和满意度

学生可以通过课程评价、教学反馈等方式来表达自己的需求和意见，学校应该充分听取学生的声音，并据此优化课程设置、完善教学设施等方面。此外，学校还应该积极开展学生参与式教学活动，提高学生的学习兴趣和动机，促进学生的全面发展，比如学生实践活动、学生竞赛活动、学生社团活动等。

四、当前教学改革所面临的挑战

本节分析了当前教学改革所面临的挑战，包括技术、资源、培训等方面。具体内容包括：教育技术的应用和推广、教学资源的不足和浪费、教师培训和专业发展的缺乏等方面。

（一）教育技术的应用和推广

随着信息技术的快速发展，教育技术在教学中的应用越发受到关注。然而，目前仍然存在一系列问题，如部分学校缺乏必要的教育技术硬件设施、教师在教育技术应用方面的能力有待提高、教育技术的实际效果缺乏有效评估等。为了充分发挥教育技术的潜力，应在多个方面加强，一是提升教师的教育技术应用水平；二是推广优秀教育技术成果；三是建立有效的教育技术评估体系。这些措施将有助于更好地应用教育技术，提高教育质量，确保学生和教师能够从现代教育技术中获益。

（二）教学资源的不足和浪费

教学资源的不足和浪费是当前教学改革中的重要问题之一。一些学校在教学资源的建设和利用上存在不合理和浪费现象，既影响了教学效果，也增加了教学成本。因此，需要加强对教学资源的规划和管理，建立科学的教学资源配置机制，提高教学资源的利用效率。

（三）教师培训和专业发展的缺乏

教师培训和专业发展是提高教学质量和促进教育教学改革的重要途径。但是，目前仍然存在很多问题，如培训内容不够实用、影响教学时间安排等。因此，需要加强对教师培训和专业发展的规划和管理，提高培训内容的针对性和实用性，鼓励教师积极参与教育研究和教学实践，加强教师职称评定和激励机制的建设[56]。

五、解决当前教学改革所面临的挑战的方法和策略

（一）重视教育技术创新

教育技术是促进教学改革和提高教学质量的重要手段。为了加强教育技术创新，学校可以加大对教育技术研究和应用的支持和投入，鼓励教师参与教育技术创新活动，建立教育技术创新的评估和奖励机制。例如：拨出专项资金、设立技术开发中心或实验室等，以便更好地推动教育技术的创新和应用。同时，还需要建立科学的项目审批和管理机制，确保投入的资源得到有效利用；组织教育技术培训、推广教育技术创新成果等，并且给予适当激励和支持；设立教育技术创新奖、聘用特聘教授等，以激励人们不断探索和创新教育技术手段，提高教学质量和效率。

（二）优化资源配置

优化资源配置是实现教学改革的重要保障之一。学校可以建立科学的教学资源管理机制，合理规划和调配各类资源，提高资源利用效率，降低资源浪费，确保教学资源的充分利用。

为优化教育资源配置，首要任务是建立科学的资源管理机制，这包括梳理学校内各类资源，建立完整的资源数据库，并评估资源供需状况，以制定合理的资源规划方案；其次需要采取合理规划和调配方式，包括设施布局的优化、设备的维护和更新，以确保资源的高效利用；最后提高资源利用效率也至关重要，包括教师培训、新型教育技术的应用，以及建立资源监管和评估机制。这些措施将有助于实现教育资源的最大化利用和合理配置。

（三）构建全员培养体系

构建全员培养体系是提高教师和学生素质的有效途径之一。学校可以建立完善的教师培训和专业发展体系，为教师提供多样化的培训和专业发展机会，包括个性化培训计划、多样的培训方式、学术交流机会、职业发展支持等；同时，加强对学生综合素质的培养和提升，通过多元化课程、课外活动、思想品德教育和社会实践，提高学生的全面素质和社会责任感。

（四）加强国际交流与合作

加强国际交流与合作是提高教学质量和促进教育教学改革的重要手段之一。学校可以积极开展国际化办学，加强与国外知名大学的合作，推动师生国际交流。这可通过开设国际课程、招收留学生、派遣师生出国学习，建立合作关系，促进学术交流和科研合作，引进外部教育理念，丰富教学方式，提高教育质量[57]。同时，组织国际教育活动，如学术会议、夏令营，激发跨文化交流，鼓励师生参与国际比赛和项目，扩宽国际视野，提高综合素质。

（五）建立教学质量评估机制

建立教学质量评估机制是保障教学质量和促进教学改革的重要手段之一。学校可以建立科学、公正、透明的教学质量评估体系，以数据为支撑，为实现优质教育提供保障，一是建立科学、公正、透明的评估体系；二是以数据为支撑，提高评估效率和精度；三是推广教学经验和优秀案例；四是加强评估应用和反馈。例如建立由专业人员组成的教学质量评估团队，采取多种评估方式和工具，如问卷调查、课堂观察、作业检查等；建立教学数据平台、加强数据收集和管理等。

（六）加强产学研合作

加强产学研合作是提高教学质量和推动教学改革的重要方式之一。学校可以积极开展产学研合作，将教学与实践相结合，增强学生的实践能力和创新能力，同时也可以为产业发展提供人才支持和技术支持。具体而言，可以开展产学研合作项目，共同解决实际问题，探索新的技术和应用；还可以邀请企业专家来校授课、指导毕业设计等，增加学生实践经验和技能水平；通过组织实践性课程、实习、实训等活动，将教学与实践紧密结合，加强学生的实践能力和创新能力[58]；建立专门的管理机构和服务团队，负责产学研合作项目的协调与管理；还可以建立起完善的奖惩体系，鼓励优秀项目的开展和成果的推广等。

六、未来教学改革的发展趋势

（一）数字化

数字技术已经成为教育领域的基础设施，推进信息技术与教育融合可以有效提高教学效率和质量。数字化教学可以实现课堂内容的多媒体呈现和互动式学习，同时也可以提供在线课程和电子资源，使学生更加灵活地进行学习，并且可以随时回顾和弥补自己的知识缺陷。因此，推进信息技术与教育融合是未来教学改革中不可或缺的部分[59]。

（二）智能化

通过人工智能等技术的应用，可以实现更加精准的教学评估和个性化辅导，帮助学生更好地理解和掌握知识。智能化教学还可以借助数据分析和机器学习等技术，对学生的学习情况进行跟踪和预测，以便及时调整教学策略和方法。

（三）个性化教育

不同学生具有不同的学习特点和需求，因此教师需要根据学生的个性化需求进行针对性的课程设计和教学辅导。个性化教育可以通过智能化技术的应用实现，例如通过分析学生的学习数据以及使用智能化的学习平台等方式，为学生提供更加贴合其个性化需求的教育服务。

（四）国际化教育

在全球化的背景下，教育国际化已经成为发展的必然趋势。推动国际化教育可以为学生提供更广阔的视野和更丰富的学习资源，同时也可以增强学生的文化理解和跨文化交流能力。此外，在教育国际化的进程中，也需要注意保护本地文化和特色，使得学生在接受国际化教育的同时，也能够继承和传承自己的文化传统。

第二节　教师角色的转变与教学实践的创新

一、传统教学模式下教师的角色定位及其不足之处

（一）缺乏互动性

传统的物理实验教学模式通常是教师主导、学生被动接受的教学方式。在这种教学模式下，教师主要扮演着知识的传授者，而学生则是知识的接受者。学生只能听从教师的讲解和指示，并完成指定的实验任务。这种教学模式存在以下诸多缺点，如缺乏师生互动、缺乏主动思考、缺乏创新和探究精神等。

（二）缺乏启发性

在传统的物理实验教学模式下，教师通常只是单纯地将实验过程和结果讲解给学生，而忽略了实验过程中的启发性。这种教学模式缺乏探究的过程和实验现

象的思考，无法激发学生的学习兴趣和探究欲望，从而无法充分发挥实验在物理教学中的作用。

（三）学生只是被动地接受知识

在传统的物理实验教学模式下，学生只是被动地接受教师传授的知识，缺乏实验能力的培养。这种教学模式忽略了学生实践能力的培养，无法培养学生的创新思维和科学精神。

二、新的教育理念和教学模式以及教师角色的转变及其重要性

为了促进学生的实验能力、创新思维和科学精神的培养，需要引入新的教育理念和教学模式，并对教师角色进行转变。教师不再是仅仅传输知识的"讲解者"，而是应该成为教学与学习的参与者和协作者[60]。教师应该更加关注学生的学习需求，通过积极引导、启发和扶持，激励学生主动探究实验内容。

（一）引入新的教育理念和教学模式

在传统的物理实验教学模式下，教师通常只是单纯地将实验过程和结果讲解给学生。因此，需要引入新的教育理念和教学模式，如探究式学习、合作学习和实践教学等。这些教学模式可以促进学生的实践能力和创新思维，提高学生对实验内容的掌握程度。

除了以上三种教学模式，还可以结合信息技术手段，引入虚拟实验和仿真实验，这些实验方式可以减少实验设备和场地的限制，方便学生随时随地进行实验探究，提高了实验教学的效率和便捷性。

（二）教师角色的转变

在新的教学模式下，教师不再是仅仅传输知识的"讲解者"，而是应该成为教学与学习的参与者和协作者。教师需要关注学生的学习需求，了解学生的兴趣和特长，通过积极引导、启发和扶持，激励学生主动探究实验内容。

首先，新的教学模式要求教师成为学习和教学的参与者和协作者；其次，教师需要关注学生的学习需求；最后，教师需要通过积极引导、启发和扶持，激励学生主动探究实验内容。

（三）关注学生的学习需求

在新的教学模式下，教师需要关注学生的学习需求和问题，提供个性化的教学服务。这可以通过问卷调查、小组讨论、个别访谈等方式来实现。问卷调查是了解学生情况的一种有效方式，小组讨论促进学生互助和交流，个别访谈

深入了解学生需求，分层教学提供个性化服务，课堂反馈获取即时信息，多元评价注重不同评价方式。这些方法有助于教师更好地满足学生的需求，提高教学效果。

（四）积极引导、启发和扶持

在新的教学模式下，教师需要转变为学生的学习伙伴和指导者，为学生提供个性化的学习体验和支持。这可以通过提出问题、开展实验探究、积极参与学生的学习过程和个性化教学等方式来实现。教师的角色不再仅限于传统的知识传授者，而是要积极引导、启发和扶持学生的学习，培养他们的自主学习能力和创造力。

（五）激励学生主动探究实验内容

在新的教学模式下，教师应该激励学生主动探究实验内容，促进学生的实践能力和创新思维。这意味着教师应该成为学生的学习伙伴和指导者，为学生提供个性化的学习体验和支持[61]。具体的方法包括鼓励学生提出问题、组织小组讨论、提供自主学习机会及注重学生思维方式的培养等。

三、创新教学实践的方法和策略

为了实现教师角色的转变，需要运用创新的教学方法和策略。其中包括问题导向、案例教学、合作学习等，这些方法和策略能够激发学生的兴趣和探究欲望，增强学生的自主学习能力和解决问题的能力。例如，在问题导向的教学模式下，教师可以引导学生提出问题并寻求解决方案，在案例教学中，通过案例分析和讨论，学生可以更加深入地理解知识点；在合作学习中，学生可以互相协助、交流和讨论，促进知识的共建和共享。

（一）问题导向的教学模式

问题导向的教学模式是一种以问题为导向的教学方法。教师在课堂上引导学生提出问题，并组织学生一起寻求解决方案。通过这种方式，学生可以主动探究知识，从中发现问题并提出解决方案，从而激发学生的兴趣和探究欲望。具体实施步骤包括导入问题、学生研究问题、解决问题、总结和分享。

（二）案例教学

案例教学是一种以案例为基础的教学方法，通过案例的分析和讨论，帮助学生更加深入地理解知识点，并发掘知识的内在联系。具体实施步骤包括选择案例、分析案例、探讨案例、总结案例。

（三）合作学习

合作学习是一种基于团队合作的学习方法，包括分组、协作学习和汇报与总结三个主要步骤。首先，学生被分成小组，以促进协作和交流；其次，小组成员在协作学习中共同完成学习任务，通过交流、讨论和合作来达到共同学习的目标；最后，小组向全班汇报学习成果、分享问题解决过程，并进行总结和反思，以提高学习效果。这一方法有助于学生共同建构和分享知识，培养团队合作和交流技能。

四、运用信息技术手段来促进教学实践的创新

运用信息技术手段也是创新教学实践的重要方式之一。使用虚拟实验软件或物理实验仿真系统来增加学生的实验机会；利用在线教学平台或微信公众号等工具来进行教学资源共享和交流；采用在线评估系统和数据分析工具来获取学生的学习反馈和评价等，这些方法和工具可以大大提升教学效果和教学体验。

（一）使用虚拟实验软件或物理实验仿真系统来增加学生的实验机会

虚拟实验软件和物理实验仿真系统可以帮助学生获得更多的实验机会，特别是在无法进行实地实验或实验设备有限的情况下。虚拟实验软件和物理实验仿真系统可以模拟各种实验环境，提供安全、可重复、灵活、可视化、交互式的学习体验。它们的特点包括安全性、可重复性、灵活性和可视化交互性。虚拟实验软件和物理实验仿真系统的优点包括提高学习效果、节省成本和时间、提高教学效率以及丰富实验内容。这些工具有助于学生更好地理解实验原理和现象，增强实验技能，提高学习效果，并为教师提供更多的教学资源和指导学生的机会。

（二）利用在线教学平台或微信公众号等工具来进行教学资源共享和交流

在线教学平台和微信公众号等工具为教师和学生提供了便捷的信息交流平台，使他们可以随时随地分享和讨论教学资源。在线教学平台可以提供多种资源，如教学视频、PPT、文献和课堂练习等，让学生可以自主学习和掌握知识[62]。微信公众号可以用来发布教学资讯和课程通知，还可以用于在线问答和讨论。这些工具不仅可以提高教师和学生的交流效率，也可以促进合作和共享。

在线教学平台和微信公众号在教育领域的作用有四个方面：提高学习效率和效果、促进教学创新和改革、提高教育公平性和包容性、增强学生的自主学习和创新能力。它们通过提供便捷的学习资源和互动方式，为学生和教师提供更多的教育资源和机会，有助于提高教育质量和促进教育的发展。

（三）采用在线评估系统和数据分析工具来获取学生的学习反馈和评价

在线评估系统和数据分析工具的应用有以下优势，首先，在线评估系统能够帮助教师实时了解学生的学习反馈和评价，有助于调整教学内容和方法以提高教学质量；其次，数据分析工具可以分析学生的学习数据，帮助教师识别学生的弱点和优点，并制定个性化的教学方案。这些工具的应用不仅提高了教学质量，还改善了学生的学习体验。

第七章
结语

　　大学物理实验教学是大学物理教育的重要组成部分，其质量直接影响到学生的学习效果和科学素养的提升。在本书的前六章中，我们对大学物理实验教学进行了深入的研究和探讨，总结了国内外研究现状，提出了现代化教学方法、内容拓展与创新、考核与评价以及与学生创新能力培养的关系等方面的理论框架和实践经验，取得了一定的研究成果和贡献。本节将从主要研究结论、研究贡献与创新点、研究局限与未来展望三个方面对本书的研究进行总结和回顾。

第一节　主要研究结论

一、新型教学方法的应用：改进传统教学方法的不足

（一）传统实验教学的不足之处

　　首先，传统教学通常采用以老师为中心的单向授课形式，老师通常会提前设计好实验步骤和操作规程，而学生只能被动地跟随老师的指导来完成实验。这种单向授课的方式难以满足学生个性化的学习需求，无法充分发挥学生的创造性和想象力。

　　其次，传统实验缺乏学生的参与和互动。学生很少参与到实验设计和组织的过程中，这也限制了他们对物理原理的深入理解。

　　最后，传统实验由于实验器材和设备等方面的限制，无法进行大规模的重复实验。这意味着学生无法通过多次实验来验证和巩固所学知识，无法深入理解物理原理的本质和实际应用。

（二）新型教学方法的优势

　　基于信息技术的远程实验是新型的教学方法之一，它通过实时的网络远程访问实验平台，允许学生进行实时操作和数据采集。这种方法不仅可以大幅度降低实验成本，还能够提高学生的实验效率和精度，并且使得学生能够更加深入地理解物理原理。

基于问题的学习是另一种新型的教学方法，它通过提出一系列问题，引导学生从实际问题中发掘出物理原理，并将这些知识应用于解决实际问题。这种方法可以让学生更加主动地参与到学习过程中，充分发挥自己的想象力和创造力，同时也能够提高学生的问题解决能力和实践能力。

协作学习是第三种新型的教学方法，它鼓励学生之间相互合作，分享各自的知识和经验，从而促进学生之间的交流和互动，可以提高学生的团队合作能力和沟通能力，在未来的工作和学习中具有很大的价值。

（三）新型教学方法的应用前景

新型教学方法的应用为大学物理实验教学注入了新生力量。基于信息技术的远程实验可以让学生在不受时间和地点限制的情况下进行实验操作、数据分析和结果展示，使得教学资源得到更加充分的利用。而基于问题的学习和协作学习则能够激发学生的独立思考和解决问题的能力，促进学生之间的交流和合作，提高学生的综合素质和竞争力。

此外，新型教学方法还包括小组合作学习、项目式学习、探究式学习等形式，这些方法有助于从多个角度启发学生的思维和创造性，增强学生的学习兴趣和动力。

因此，新型教学方法的应用前景非常广泛，并且将在未来的教育领域中持续发挥重要作用，推动大学物理实验教学向更高的水平发展。

二、实验内容的拓展与创新：挑战性与创新性实验项目的开发

（一）拓展实验教学内容的必要性

大学物理实验教学在培养学生科学素养、提高实践能力等方面具有重要作用。拓展实验教学内容不仅可以加强学生的实践技能和学术素养，还可以激发和培养学生的创新意识和创造能力。通过更加丰富和多样化的实验内容，可以让学生了解到更多的物理原理和现象，并掌握更多的实验方法和技巧，提高学生的实践能力和问题解决能力。

（二）创新实验项目的方法和策略

（1）强化实验课程的应用性。可以针对现代物理学应用领域中存在的问题，设计更具挑战性和实际意义的实验项目。

（2）鼓励学生自主探究和创新。在实验过程中，可以引导学生自主思考和探究，让学生自己设计和组织实验，并提供必要的指导和支持。

（3）采用多元化的教学方式。可以结合模拟仿真技术进行虚拟实验、引入信息技术，在线开展远程实验等，增加实验的灵活性、互动性和趣味性，激发学生的兴趣和积极性，同时也能提高实验教学的效果和质量。

（4）推进产学研合作。通过与企业或科研机构合作，将实验教学内容与实际应用相结合，开展探索性实验项目，可以让学生更好地了解现代物理学领域的应用前景和技术需求，并深入参与到科研工作中，锻炼他们的创新能力和实践能力。

三、多样化的评价方法：避免单一形式的实验考核

（一）多元化评价方法的必要性

传统的实验教学往往只注重实验报告的书写和提交，缺乏对学生实际表现的全面评价，这种单一的考核模式难以真正反映学生的实验能力和创新精神。

采用多元化的评价方法来全面评价学生的实验能力，如口头报告、作品展示、团队评估等评价方法可以使学生在不同的方面得到评价，从而更加全面地了解自己的实验能力和表现。此外，多元化的评价方法还可以激发学生的创新意识和实践能力，促进他们的思维发散和多元化探索。

（二）多元化评价方法的具体实践

主要有四种不同的评价方式，包括口头报告、作品展示、团队评估和实验考试。每种方式都有其独特的优势和适用情境，根据实验教学的特点和学生需求灵活运用这些方式。

口头报告是一种通过学生在课堂上口头阐述实验内容来评估其掌握实验知识和表达能力的方式。这有助于加深学生对实验内容的理解，培养其表达和思维能力，同时促进了学生之间的交流和互动。

作品展示则要求学生制作展板或 PPT，以展示他们对实验内容的理解和应用能力。这有助于培养学生的创新和应用能力，提高他们的视觉艺术和沟通技巧。

团队评估以团队合作完成实验项目为基础，评价每个成员的表现，以促进学生的团队合作和沟通能力。这种方式不仅锻炼了团队合作技能，还让学生在实践中掌握更多的知识和技能。

实验考试结合理论知识和独立操作实验，用于评估学生的实验技能和分析能力。这有助于检测学生的实验能力，提高他们的创新和实践能力。

四、注重培养学生的创新能力：从知识传授到创新思维的引导

（一）注重培养学生的创新能力的必要性

大学物理实验教学在培养学生科学素养、提高实践能力等方面具有重要作用，随着社会经济的快速发展，人才市场对创新型人才的需求越来越高，因此，

注重培养学生的创新能力已经成为大学物理实验教学中的一个重要任务。要培养学生的创新能力，就要从学生的思维方式和实践能力两个方面入手。

（二）促进学生创新能力发展的方式

1. 引导学生自主探究问题

教师应该以鼓励学生自主探究为核心，引导学生在实验课程中自主思考、自主设计实验方案以及解决实验过程中遇到的问题。这样可以培养学生的创新意识和能力，同时也能提高学生的实践能力。

2. 鼓励学生跨学科合作

物理领域与其他领域有很多交叉点，如交叉学科的光电子学等，教师应该鼓励学生跨学科合作，通过与其他专业的学生进行合作解决问题，以此来促进学生的创新思维和实践能力的发展。

3. 提供多种学习资源

教师可以为学生提供更加丰富的学习资源，包括参观实验室或企业、阅读相关文献、参加学术会议等。这些资源可以帮助学生更好地了解实验内容和相关技术，激发学生的创新意识和实践能力。

4. 建立创新实验项目

教师还可以根据现实需要和行业需求建立具有挑战性和创新性的实验项目，鼓励学生在实验中自主探究和创新，提高他们的创造力和想象力。

第二节　研究贡献与创新点

本研究的主要贡献在于对大学物理实验教学的现代化改革提出了一系列创新性的教学方法和思路，并在实验课程案例分析中进行了实证研究。

一、提出了适应现代大学物理实验教学的教学方法和思路

本研究针对传统实验教学存在的问题，如理论与实践脱节、实验内容陈旧单一等，提出了以实践为中心、探究式学习、多元化实验等教学方法和思路，以帮助学生更好地掌握物理实验的基本技能和知识。

（一）以实践为中心

以实践为中心的教学方法以实际实验为核心，让学生通过亲身参与、观察、记录和分析实验来学习物理知识和技能。这种方法纠正了传统教学中理论与实践分离的问题，使学生更全面地掌握物理实验。传统教学仅注重理论知识传授，忽略了实际操作经验。以实践为中心的教学则强调学生积极参与实验操作，通过亲

身经验获得物理实验技能和知识。学生深入理解实验原理和规律，激发学习兴趣，培养独立思考和问题解决能力。

（二）探究式学习

探究式学习是以问题为驱动的教学方法，旨在培养学生的自主学习、问题解决和团队合作能力。学生通过提出问题、自主探究、发现答案，深入理解知识，激发兴趣，培养科学思维和创新意识。探究式学习还可以培养学生的团队合作和沟通能力，有利于学生之间的交流和合作，建立自信和责任感，提高自我管理和组织能力。

（三）多元化实验

多元化实验是一种教学方法，旨在满足学生的需求和兴趣，通过设计多样性的实验内容和形式来提高他们的学习效果和兴趣。这种方法避免了实验内容单一和陈旧的问题，鼓励学生参与不同类型的实验，培养探究能力、兴趣和批判性思维。多元化实验包括实验室、野外和虚拟实验等多种形式，可适应不同学科和年龄段的学生需求，涵盖各种主题和课程内容，如环境科学、物理学、化学、地理等。

二、进行了新型教学方法在大学物理实验教学中的应用研究

本研究对比了传统教学方法和新型教学方法的差异，并通过实验课程案例分析，探究了新型教学方法在大学物理实验教学中的应用，如基于问题解决的学习、探究式学习、虚拟仿真实验等，为大学物理实验教学的现代化改革提供了有益的参考。

（一）传统教学方法和新型教学方法的差异

传统教学方法强调教师的知识传授和考核，学生通常被动接受知识，容易导致学习兴趣下降和记忆性学习。新型教学方法更注重学生自主思考和实践能力培养，强调学生的主动参与、自主学习和问题解决能力培养，与传统教学方法相比，更能激发学生的学习兴趣和创新潜力，有助于更深层次的知识掌握和技能培养。这些方法包括基于问题解决的学习、探究式学习和虚拟仿真实验。

基于问题解决的学习方法首先设定学习目标，然后学生通过探究、实践和反思逐步解决问题，激发学生的兴趣和自主学习能力，培养了他们的问题解决和批判性思维；探究式学习强调以学生为中心，鼓励他们通过实践和探究来主动发现和解决问题，学生在这过程中扮演积极角色，积极探索新知识并将其应用到实际情境中；虚拟仿真实验是借助计算机技术的实验教学方法，提供生动的图形化界面和交互性操作，为学生创造更真实和直观的实验环境，有助于加深对实验原理和过程的理解。

（二）新型教学方法在大学物理实验教学中的应用

1. 基于问题解决的学习

基于问题解决的学习是一种以学生提出问题为起点，通过问题解决过程来引导学生深入掌握知识和技能的教学方法。在大学物理实验教学中，可以鼓励学生自主提出实验中遇到的问题并尝试解决，从而激发他们的思考能力和创新意识。

2. 探究式学习

探究式学习是一种以问题为驱动，引导学生主动思考和探究的教学方法。在大学物理实验教学中，可以通过设定有趣的实验任务和问题，让学生自主探究和发现，从而培养他们的实践能力和科学思维能力。

3. 虚拟仿真实验

虚拟仿真实验是利用计算机技术对实验过程进行模拟和仿真，实现在线进行实验操作和数据处理，并提供实时反馈和交互式学习。在大学物理实验教学中，采用虚拟仿真实验可以有效地弥补传统实验设备不足、难以操作等问题，提高实验教学的效果和质量。

三、对大学物理实验教学考核与评价进行了研究

本研究针对传统教学考核的问题，如考试成绩不能全面反映学生的学习情况等，提出了多元化考核与评价方法，如实验报告评分、实验操作评分、小组合作评分等，以提高考核的客观性和全面性。

（一）考试成绩不能全面反映学生的学习情况

传统教学方法过于依赖考试成绩作为唯一评价方式，导致学生只注重应试能力而忽视实际应用和理解能力的培养。解决这一问题的途径包括引入实验报告评分和实验操作评分等非考试形式的评价方式。

实验报告评分侧重评估学生对实验内容的理解和分析能力，通过数据处理和科学写作培养科研思维；实验操作评分关注学生的实验过程把握和技能运用，提高实验操作水平和管理能力。这些多元化评价方式能更全面地反映学生的学习表现，减少对考试成绩的依赖，促进学生综合素养的提升。

（二）缺乏客观性和公正性

传统的教学方法主要依赖考试成绩来评估学生，这可能导致学生过度关注分数而忽视实际应用和团队协作等能力的培养。为了解决这个问题，引入多元化考核方式，其中包括小组合作评分。

小组合作评分侧重评估学生在小组协作中的表现和贡献。学生需要根据团队目标分工合作，完成任务并互相合作，这有助于培养团队协作、沟通合作和组织管理等技能。这种评价方式能够客观地评估每位学生在小组中的表现，减少主观性评价的影响，并激发学生的合作意识。同时，多元化考核方式还可以包括口头报告、书面作业、课堂参与等，引入多元化的评价方式。

（三）提高考核的全面性和透明度

设计不同的考核项目和具体的评分标准，从而有助于更全面地反映学生在各个方面的表现，使学生能够明确了解自己的优点和不足，以便有针对性地提高学习能力。例如，在实验操作评分中，可以划分多个小项，为每个小项设定具体的评分标准和说明，如实验前准备、实验操作、数据处理和结论分析等。在其他评价项目中也可以采用类似方法。这种精细评分方法有助于促进学生在多个方面的综合发展。

四、探讨了大学物理实验教学与学生创新能力培养的关系

（一）大学物理实验教学与学生创新能力培养的密切关系

大学物理实验教学是促进学生实践能力和创新意识发展的重要途径。通过亲身参与实验操作和数据处理，学生可以更加深入地理解物理知识，从而培养科学思维和创新意识。实验操作的过程能够提高学生的实践能力和应用能力，同时也使他们认识到物理学知识的实际应用价值，增强了对物理学的兴趣。

（二）探究式学习如何提升学生的创新能力

探究式学习是一种以问题为驱动的教学方法，能够培养学生的实践和科学思维能力，激发创新意识。通过自主探究和发现，学生能够更深刻地理解知识，提高实践能力和科学思维。探究式学习让学生主动提出问题、分析问题和解决问题，这有助于培养创新能力。在实验教学中，学生通过探究式学习能够深入了解物理知识，激发创新潜力。

（三）问题解决学习如何提升学生的创新能力

问题解决学习是一种以学生提出问题为出发点，通过问题解决过程培养创新能力的教学方法。学生需要通过自主思考和探究解决具体问题，这有助于激发创新意识。问题解决学习让学生独立提出问题、分析问题、解决问题，培养了创新能力。在大学物理实验教学中，问题解决学习方法能够增强学生的探究能力和创新潜力，提高他们的实践和科学思维能力。

第三节　研究局限与未来展望

一、研究局限：问题与限制

（一）存在的问题

一是样本量问题。小样本容易受到随机和非随机误差的影响，导致结论不可靠，解决方法包括增加样本量、提高实验精度、强化数据质量控制，以提高实验可信度。

二是实验设计问题。实验中可能存在的局限性和偏差，如环境控制、操作技巧差异、不确定性等，可能降低实验结果的准确性和推广性。解决方法包括控制实验条件、统一操作流程、培训实验者、参考相关文献和专家意见，以规范实验设计和操作，提高研究成果的质量。

（二）结果与结论的适用性

结论的普遍适用性取决于实验对象、方法的选择，以及结果的可靠性和可重复性。对结论的适用性评估需要综合考虑多方面因素，包括实验结果在不同情境下是否一致以及相关文献和专家意见的支持。

结论是否适用于特定群体，如年龄、性别、文化背景等，需要通过进一步研究和验证来确定。人口统计学特征的分析和统计方法的运用有助于揭示不同群体之间的差异，同时结合相关文献和专家意见可以更全面地评估结论的适用性。

二、研究展望：未来发展方向

（一）进一步的研究重点和方向

1. 将研究拓展到其他学科领域

不同学科领域的实验教学可能存在共性和差异，通过研究和比较这些领域的实验教学，可以促进学科之间的交流和合作，提高整体教育质量。例如，化学、生物、地理等学科都有实验教学的需求，可以相互借鉴，为跨学科知识的综合应用提供基础。

2. 探索新技术或方法在大学物理实验教学中的应用

现代技术的快速发展为大学物理实验教学提供了新的可能性。虚拟实验、增强现实等技术可以改善实验教学的效率和效果。通过深入研究这些新技术在实验教学中的应用，可以提高学生的实验操作技能、理论知识的掌握以及实验原理的理解，激发学生的兴趣和创新潜力，为培养未来科学家和工程师打下坚实基础。

3. 扩展研究到不同学习阶段的教学实践

通过将研究扩展到不同学习阶段，包括中小学等早期阶段，中小学阶段的实验教育应该注重培养学生的实验技能、观察力和科学思维，更好地培养学生的科学兴趣和基础，为他们未来的学术和职业发展提供坚实的基础。

（二）推广和应用成果

1. 推广成果

推广研究成果是将研究结果传播到更广泛领域的关键步骤。这可以通过发表论文、参加学术会议、举办研讨会和开展科普活动等方式来实现。这些措施有助于分享研究成果，吸引合作伙伴，促进学科交叉与融合。

2. 应用成果

应用研究成果则侧重于将研究结果转化为实际教育实践，改进大学物理实验教学方法，提高学生学习效果，包括构建新的课程体系、开展虚拟实验和采用新技术等方式。这有助于提升实验教育的质量，为物理学科和社会发展作出积极贡献。

三、研究挑战：面临的挑战及应对措施

分析当前大学物理实验教学领域面临的挑战和难点，并提出相应的解决措施。探讨如何利用现代技术手段、教学资源和多元化的教学方法来解决这些挑战，并推进大学物理实验教学的改革和创新。

（一）实验内容精选与分阶段设计

在应对实验内容繁杂的问题时，教师可以通过深入分析课程目标，抓住实验教学的核心知识点和关键技能，有针对性地进行教授和实践。这包括确定核心概念、分阶段教学以及设计合理的实验组合，以帮助学生渐进式地掌握实验技能和理解实验原理。

（二）激发学生兴趣和主动性

为应对学生对物理实验缺乏兴趣的问题，教师可采用吸引人的实验案例和故事情节，如历史科学发现和现代物理前沿技术，激发学生好奇心，让他们认识到物理知识的实际应用，提高学习兴趣和动机。此外，在教学过程中，还可以鼓励学生主动发问、探究和思考，帮助他们在实验中发现问题和解决问题，提高学习效果和满足感。

（三）解决教学资源不足的障碍

要解决大学物理实验教学中教学资源不足的问题，可以采取多种途径。

首先，加强实验室管理是关键，通过规章制度制定、设备维护和实验室秩序维护，更好地保护和利用现有资源；其次，合理配置实验设备和人力资源，根据课程需求进行分配，避免浪费和闲置；再次，可以充分利用校内外实验资源，与其他院系或科研机构合作共享资源，进一步扩展实验教学资源，考虑与其他学校或企业合作，共建实验室、组织实验交流等获得更多资源；最后，利用现代技术手段如网络教学平台和虚拟实验室，满足学生的实验需求，提高教学效果。

（四）多元化教学方法的应用

多元化的教学方法可以显著改进大学物理实验教学。除了传统实验教学，小组合作学习、项目式学习、探究式学习等方法能够提高学生的主动性和创造性。

小组合作学习通过学生协作解决问题，培养团队合作和创新意识；项目式学习鼓励独立思考和自主学习，培养实践能力；探究式学习鼓励学生提出问题并通过实验解答，促进科学思维和创新意识；此外，结合信息技术和其他领域如文化和艺术，可以创造新型实验教育模式，更好地传达物理原理和应用。这些多元化方法可以提高学生的参与度和学习成效，为大学物理实验教学带来显著改进。

参 考 文 献

[1] 王帆. 推动实践与创新创业能力培养 [M]. 昆明：云南大学出版社, 2021.

[2] 高筱卉. 美国"以学生为中心"的大学教学设计模式和教学方法研究 [D]. 武汉：华中科技大学, 2019.

[3] 王洪才. 研究型教学 [M]. 厦门：厦门大学出版社, 2020.

[4] 苟晓玲. 理性观照下的教学经验研究 [D]. 长沙：湖南师范大学, 2021.

[5] 伏振兴. 物理基础教学改革研究 [M]. 宁夏：阳光出版社, 2019.

[6] 康宁. 中国高等教育资源配置转型程度的趋势研究 [M] 南京：南京大学出版社, 2020.

[7] 郭璨. 变革与重构 [M]. 成都：西南交通大学出版社, 2021.

[8] 徐秋荣. PBL 教学策略在高中生物学教学中的应用研究 [D]. 武汉：华中师范大学, 2021.

[9] 仰丙灿. 地方高校院系教学综合评价研究 [D]. 上海：华东师范大学, 2022.

[10] 杜文彬. 美国 STEM 教育发展研究 [D]. 上海：华东师范大学, 2020.

[11] 卢忠南. 仿真模拟在高中物理抽象概念教学中的应用 [D]. 北京：中央民族大学, 2021.

[12] 第三章 教学模式与教学方法改革 [C] //黑龙江省高等教育学会. 高等教育改革创新理论与实践. 黑龙江人民出版社, 2008：290-474.

[13] 朱敏. 虚拟实验与教学应用研究 [D]. 上海：华东师范大学, 2006.

[14] 高兰香. 大学物理有效教学的理论与实践研究 [D]. 上海：华东师范大学, 2011.

[15] 重庆科技学院实验教学研究院, 重庆市高校实验室工作研究会. 创新·实践·特色 [M]. 重庆：重庆大学出版社, 2016.

[16] 赵玲朗. 高中物理智慧教学模式构建及智能支撑工具与资源进化模型研究 [D]. 长春：东北师范大学, 2021.

[17] 王红艳. 问题设计影响科学概念学习的研究 [D]. 西安：陕西师范大学, 2021.

[18] 路春燕, 胡艳. 基于移动学习的三维虚拟实验教学模式研究 [J]. 赤峰学院学报（自然科学版）, 2021, 37 (2)：114-118.

[19] 牟书, 宋灵青. 现代技术与教育心理学 [M]. 南京：东南大学出版社, 2014.

[20] 汪霞, 嵇艳. 美国研究型大学本科生课程与教学评价研究 [M]. 南京：南京大学出版社, 2018.

[21] 王蒙蒙. 以"问题驱动"促进"合作探究"的高中物理力学教学实践 [D]. 呼和浩特：内蒙古师范大学, 2022.

[22] 宁钢, 冯浩. 人才培养与教学改革 [M]. 南昌：江西高校出版社, 2018.

[23] 赵俭, 张鹏, 佟研, 等. 新时代院校教育转型实践研究 [M]. 南京：南京大学出版社, 2019.

[24] 吴世584. 普通物理实验 [M]. 重庆：重庆大学出版社, 2015.

[25] 冯青. 人工智能与高中生物学教学融合现状的调查与分析 [D]. 黄石：湖北师范大学, 2022.

[26] 周志敏, 纪爱华. 人工智能 [M]. 北京：人民邮电出版社, 2017.

［27］陈秉岩，张敏，苏巍，等．新工科大学物理实验［M］．南京：南京大学出版社，2018.

［28］丁振良，袁峰．仪器精度理论［M］．哈尔滨：哈尔滨工业大学出版社，2015.

［29］李宏杰，张丽娇．大学物理实验［M］．北京：人民邮电出版社，2015.

［30］张稚鲲，李文林．信息检索与利用［M］．南京：南京大学出版社，2019.

［31］赵彤．新建应用型本科实践教学体系构建研究［M］．南京：东南大学出版社，2016.

［32］马秀麟．基于信息技术的学生评教元评价及控制模式的研究［D］．北京：北京师范大学，2010.

［33］李宏艺．面向协作能力培养的SSRL学习活动设计［D］．无锡：江南大学，2021.

［34］彭江．发达国家高等教育评估制度分析［M］．重庆：重庆大学出版社，2021.

［35］袁曦临．信息检索［M］．南京：东南大学出版社，2011.

［36］北京市高等学校师资培训中心．现代教育技术教程［M］．北京：人民邮电出版社，2016.

［37］郝建华，王雅戈．科技文献检索与论文写作［M］．南京：南京大学出版社，2021.

［38］汤君友．虚拟现实技术与应用［M］．南京：东南大学出版社，2020.

［39］高烁．虚拟仿真技术在初中物理实验教学中的应用［D］．岳阳：湖南理工学院，2020.

［40］王小雪，陈蕙若，唐恒涛，等．激灵式的专业化学习激灵式的学习专家——AECT 2019年会综述［J］．远程教育杂志，2020，38（1）：3-17.

［41］陈宇环．普通物理实验分层教学的研究与实践［D］．苏州：苏州大学，2020.

［42］赵玲朗．高中物理智慧教学模式构建及智能支撑工具与资源进化模型研究［D］．长春：东北师范大学，2021.

［43］曹福来．大学物理实验中的相关知识和方法对高中物理创新型实验题的命题启示［D］．重庆：重庆师范大学，2021.

［44］沈霞娟．促进大学生深度学习的混合学习设计研究［D］．西安：陕西师范大学，2021.

［45］王畅．基于虚拟实验的高中生科学探究素养的培养研究［D］．石河子：石河子大学，2021.

［46］贾同．基于知识建构的混合式协作学习设计研究［D］．上海：华东师范大学，2021.

［47］赵小莹．基于SPOC平台下的BOPPPS教学模式在高职院校教学中的应用研究［D］．长春：吉林农业大学，2022.

［48］吴迪．5E教学模式下高中信息技术创新能力培养的教学实践研究［D］．哈尔滨：哈尔滨师范大学，2022.

［49］马志梅．基于多模态交互的物理光学虚拟实验室设计与开发［D］．南昌：江西科技师范大学，2021

［50］尹玉婷．基于DIS的初中物理实验优化设计研究［D］．上海：上海师范大学，2022.

［51］陶利林．高中物理教学中融入课程思政的探究［D］．兰州：西北师范大学，2021.

［52］胡兴宏．研究性学习［J］．上海教育科研，2002（S1）：19-125，129.

［53］李晓晨．高等教育大众化理论视野下的中国现代远程教育研究［M］．太原：山西经济出版社，2021.

［54］史秋衡．高等学校分类发展与质量卓越机制研究［M］．厦门：厦门大学出版社，2019.

［55］朱炎军，杨洁，朱园飞，等．高职院校"双师型"教师发展的制度现状与困境突破——

基于上海地区的访谈研究 [J]. 教育发展研究，2022，42（21）：69-76.

[56] 教育部关于印发《国家教育事业发展第十二个五年规划》的通知 [J]. 中华人民共和国国务院公报，2012(28)：24-57.

[57] 侯典牧，黄河，李莹，等. 不负历史重托谱写新的篇章（笔谈）[J]. 中华女子学院学报，2020，32（6）：5-35.

[58] 马洪奎，张书玉，董孝璧，等. 搭建产教融合平台 [M]. 重庆：重庆大学出版社，2021.

[59] 贾丽萍. 大规模开放在线课程（MOOCs"慕课"）版权制度研究 [M]. 北京：中国政法大学出版社，2020.

[60] 魏宝宝. 教师成为专业能动者的角色重构研究 [D]. 乌鲁木齐：新疆师范大学，2022.

[61] 郝广龙. 当代中国大学教师学术身份的异化与回归研究 [D]. 成都：四川师范大学，2022.

[62] 宫承波. 新媒体概论 [M]. 北京：中国广播影视出版社，2021.